# 단백질혁명

**일러두기**

- 단행본은 겹낫표(『 』)로, 논문은 홑낫표(「 」)로, 학술지·잡지 등 정기 간행물은 겹화살괄호(《 》)로, 영화·드라마·기사·보고서는 홑화살괄호(〈 〉)로 표기했다.
- 본문에 사용된 이미지 자료는 저자가 직접 찍거나 새로 제작한 것들이다. 그 밖의 경우에는 별도로 출처를 표기했다.

THE
PROTEIN
REVOLUTION

# 단백질 혁명

김성훈 지음

인체 원리에서 신약 개발까지,
바이오 시대를 이끄는
새로운 과학

웅진 지식하우스

### 추천의 글

2024년 노벨 화학상은 단백질 구조를 분석하고 예측하는 방법을 인공지능을 통해 찾아낸 과학자가 받았다. 이처럼 오늘날 과학계의 시선은 단백질을 향하고 있다. 실험실에서 키운 배양육으로 만든 치킨을 먹는 날이 얼마 남지 않았는지도 모른다. 앞으로의 세계를 알고 싶은 독자들에게 흥미로운 독서 경험을 선사할 책이다.

**이선호(엑소쌤)**, 과학 커뮤니케이터

단백질은 우리 삶의 모든 측면에 영향을 미치지만 제대로 이해하기는 쉽지 않은 영역이다. 탁월한 스토리텔러인 김성훈 교수가 단백질의 수행 원리와 중요성을 알기 쉽게 설명해준다. 단백질이 우리의 식단, 감정 그리고 치유 과정 등에서 수행하는 놀라운 역할에 대해 바로 옆에서 앉아서 친절히 이야기해주는 듯하다. 많은 독자에게 즐거움을 주는 생명과학 입문서라고 확신한다.

**한병우**, 서울대학교 약학대학 교수

생명의 근간이자 우리 몸의 건강을 결정하는 단백질의 역할에 대해 심도 있고 명료하게 설명한 훌륭한 과학 책이다. 나아가 단백질이라는 화두를 통해 인류가 수많은 질병을 극복해온 과정과 의약학의 미래를 논한다. 인체와 인간의 병을 연구하는 사람들은 물론 의료 정책을 담당하는 사람들에게도 필독을 권하고 싶다.

**이동기**, 연세대학교 의과대학 명예교수

이 책은 단백질이라는 익숙한 개념을 일상의 언어로 풀어내면서도, 과학적 깊이와 전문성을 놓치지 않는다. 인체의 생리에서 식품과 질병 그리고 첨단 신약 개발에 이르기까지, 단백질이 관여하는 폭넓은 영역을 통합적으로 조망한다. 무엇보다도, 이 책은 과학이 단지 실험실 안에만 존재하는 것이 아니라, 일상의 크고 작은 현상 속에서도 발견될 수 있는 새로운 원리를 탐구하는 일이며 미래의 가능성을 향한 지속적인 질문임을 일깨워준다. 『단백질 혁명』을 다 읽은 뒤에는 과학을 보는 시야가 훨씬 넓어져 있을 것이다.

**윤엽**, 성균관대학교 삼성융합의과학원 융합의과학과 교수

들어가는 글

# 과학의 눈으로
# 단백질을 보다

**생명, 유전자를 넘어**

　스웨덴 한림원은 2024년 노벨 문학상 수상자로 한국의 작가 한강을 선정했다. 노벨 평화상을 받은 고故 김대중 전 대통령에 이어 24년 만에 두 번째 한국인 노벨상 수상자가 탄생한 것이다. 한국 문학의 우수성과 깊이를 세계적으로 인정받은 이번 노벨상 수상으로 온 국민이 기뻐하고 감동하던 중에, 전 세계 과학자들의 관심을 집중시킨 또 하나의 노벨상 발표가 있었다. 바로 '단백질 구조 분석 인공지능' 분야 연구자들이 노벨 화학상을 수상한 것이었다.
　지금까지 과학자들은 생명의 첫 번째 암호인 유전자의 비밀을 밝히고, 유전자를 새롭게 만들거나 유전자 일부를 바꿔 기존에 존재하지 않는 생명체를 만들어내는 데 집중해왔다. 그리고 이제 과학계의 시선은 생명의 두 번째 암호인 단백질을 향하고 있다. 왜 과학계는 단백질에 주목하는가? 단백질은 우리의 생명 및 건강과 직결된 가장 중요한 생체 분자이기 때문이다.

DNA(데옥시리보핵산)의 유전 정보가 RNA(리보핵산)를 통해 단백질 합성으로 이어지는 정보의 흐름은 생명체가 생존하는 데 가장 중요한 생명 활동이다. DNA 구조 내에 저장된 유전자 정보는 메신저 역할을 하는 mRNA에 복사되어 세포질로 나간 후, 거기서 아미노산을 이용한 단백질 합성을 통해 형상화된다. 이 과정이 지구상 거의 모든 생명체가 사용하는 '생명의 중심 원리central dogma'다.

생명체는 유전자가 만들어내는 단백질의 기능을 통해 매일 현실 세계를 살아간다. 마치 우리가 레시피가 적힌 종이가 아니라 오븐에 구운 빵을 먹고 사는 것처럼 말이다. 우리 몸은 수분을 제외하면 단백질이 가장 많은 부분을 차지하고 있다. 우리가 활동할 수 있게 해주는 골격근뿐만 아니라 심장과 같은 내부 중요 장기들도 단백질로 되어 있다. 하지만 위에서 언급된 단백질들의 역할은 전체적으로 보면 매우 작은 부분으로, 실제로 생명체에는 훨씬 다양한 종류의 단백질이 존재한다. 이 단백질들은 인체에서 일어나는 대부분의 생명 유지 과정을 수행하고 통제한다.

나는 이 책을 통해 단백질이 무엇이며 우리 몸에서 어떤 역할을 하는지, 단백질을 통해 어떤 기적 같은 일들이 일어났으며 단백질에 대한 무지로 인해 어떤 사고가 일어났는지, 그리고 이 단백질에 관한 연구가 어떤 미래를 열어가고 있는지를 살펴보려고 한다. 단백질에 대한 지식은 이제 과학자들뿐 아니라 이 시대를 살아가는 우리 모두가 함께 알고 나눠야 할 필수 상식이 되었다.

### 단백질의 무궁무진한 역할

단백질 하면 가장 먼저 무엇이 머릿속에 떠오르는가? 아마도 갈비찜, 삼겹살, 삼계탕, 생선구이 같은 맛있는 음식들이 생각날 것이다. 단백질 셰이크나 닭가슴살을 떠올리며 '득근(근육을 키우는 것을 뜻하는 신조어)'을 생각하는 헬스인들도 많을 것이다. 살아오면서 누구나 한 번쯤은 단백질이란 단어를 듣고 사용해봤을 테지만, 이런 단어가 어떻게 생겨났고 무엇을 의미하는지 정확하게 아는 사람은 많지 않다.

우리말 '단백질'은 '달걀 흰자'를 의미하는 한자어 '단백蛋白'이라는 단어에서 유래했다. 달걀을 뜻하는 '새알 단蛋'과 흰색을 뜻하는 '흰 백白'이 합쳐진 단어다. 달걀은 가열하면 투명했던 부위가 흰색으로 변하는데, 단백은 이 모습을 표현한 단어로 하얀색을 띠는 물질이라는 뜻을 가진다.

이런 단어 탄생의 배경을 보면, 단백질 하면 먹거리가 연상되는 게 매우 자연스러운 현상처럼 보인다. 하지만 단백질에 관한 관심이 먹거리에 그친다면 이는 단백질에 대한 굉장한 실례다. 앞서 언급했듯이 단백질은 우리 몸의 아주 중요한 구성 요소이자 신체의 모든 기능을 책임지는 핵심 물질이다. 뼈와 근육, 피부, 머리카락, 그리고 우리 몸에서 일어나는 다양한 화학 반응을 도와주는 효소 등이 모두 단백질로 되어 있다. 면역 시스템에서 질병과 싸우는 항체와 몸을 조절하는 호르몬 역시 단백질로 이뤄져 있다.

영어 어원에는 이런 단백질의 역할이 보다 잘 반영되어 있다. 단백질을 영어로 'protein(프로틴)'이라고 부르는데, 이 명칭은 스웨덴 화학자 옌스 야코프 베르셀리우스Jöns Jakob Berzelius가 1838년 처음으로 사용했다. primary(주요), first(처음), important(중요한)를 뜻하는 그리스어 πρώτειος(proteios)와 화학에서 물질을 명명할 때 사용되는 '-in'이 합쳐져 protein이라는 단어가 만들어졌다. 즉 protein은, 단백질이 우리에게 매우 중요한 물질이라는 의미를 담고 있다.

사람들은 종종 내게 "유전자와 단백질 중에 무엇이 더 중요한가요?"라고 묻곤 하는데 이는 "엄마가 좋아, 아빠가 좋아?"와 같은 질문이다. 그때마다 나는 이렇게 대답하곤 한다. "유전자가 우리 몸의 설계도라면 단백질은 우리가 사용하는 몸 자체입니다."

튼튼한 집을 짓기 위해서는 우수한 설계도에 따라 건물을 짓는 건설업자가 필요하다. 만약 설계도대로 공사하지 않고 부실하게 건물을 짓는다면 아무리 좋은 설계도가 있어도 하자투성이 위험한 건축물이 될 수밖에 없다. 마찬가지로, 설계도인 유전자 암호가 아무리 훌륭해도 그에 따라 단백질이 우리 몸을 짓는 역할을 제대로 수행하지 못한다면 결코 튼튼한 몸을 만들 수 없다. 한마디로, 단백질은 매일을 살아가는 내 몸의 건강을 현실적으로 결정한다.

## 건강수명을 지키는 단백질

통계청에 따르면 우리나라는 2025년 초고령사회로 진입했다. 초고령사회란 65세 이상 고령인구가 전체 인구에서 차지하는 비율이 20퍼센트 이상인 사회를 말한다. 1970년 평균 기대수명은 62.3세였지만 2023년에 83.5세로 늘어났다. 설상가상으로 출산율이 급격히 떨어지고 있어, 우리는 머지않은 미래에 극도의 초고령사회를 경험할 것이다.

게다가 우리나라는 유난히 유병 기간이 긴 나라 중 하나다. 즉 수명은 길어졌지만 노년에 건강하지 못해 오랫동안 질병의 고통을 겪으며 살아가는 사람이 많다. 따라서 초고령사회에서 우리가 마주할 가장 큰 문제는 '어떻게 장수할 것인가'가 아니라 '어떻게 건강수명을 늘릴 것인가'다. 그 답을 찾기 위해서는 우리 몸의 상태를 현실적으로 결정하는 단백질에 주목해야 한다. 건강수명의 열쇠가 단백질에 있기 때문이다.

가령 정상적인 단백질이 다양한 이유로 구겨져 잘못 접힘이 발생하면 각종 질병의 원인이 되는데, 대표적으로 우리가 가장 두려워하는 알츠하이머병의 주요 원인도 '단백질 잘못 접힘'이다. 결국 우리 몸에 있는 단백질들의 3차원 구조를 얼마나 잘 유지하는가에 인간의 건강수명이 달려 있다고 해도 과언이 아니다.

이 책에서는 생명의 설계도인 유전자와 결과물인 단백질의 관계를 탐구하고, 단백질의 3차원 구조와 단백질을 구성하는 레고 블록 아미노산, 그리고 이를 통해 수행되는 다양한 생리적 역할을 알아볼 것이다. 더불어 이런 단백질을 통해 어떻게 질병과 싸우고 건강수명을 관리할 수 있는지, 단백질이 국가 건강보험 재정 및 미래 먹거리 산업에 어떤 영향을 미칠지도 살펴볼 것이다. 이렇게 단백질의 놀라운 비밀을 함께 알아가는 과정에서 우리 모두가 생명의 창조와 운영의 과정을 조금이나마 이해하고, 나아가 풍요롭고 건강한 삶을 살아갈 지혜를 얻길 바란다.

2025년 7월

김성훈

차례

추천의 글     4
**들어가는 글** 과학의 눈으로 단백질을 보다     6

## 1장 생명의 두 번째 암호, 단백질

유전자가 그린 악보, 단백질이 연주하다     19
단백질은 유전자의 명령에 충실한 일꾼일까?     24
유전자는 곧 운명일까?     27
인간 게놈 프로젝트의 완성, 그 이후     31
포스트 게놈 시대: 정적인 유전자에서 동적인 단백질로     37
단백질, 3차원의 마술사     42

## 2장 생로병사의 비밀을 풀다

단백질이 여는 100세 시대     51

노화는 운명일까, 치료 가능한 질병일까?     55

고장 난 단백질이 기억을 삭제하다     59

발냄새가 나는 병, 달콤한 냄새가 나는 병     68

정보 과부하 시대, 뇌의 급발진을 막아라     74

오래 살고 싶다면 근육을 지켜라     82

빈혈과 말라리아 사이의 관계     87

## 3장 음식에 담긴 단백질의 과학

감칠맛에 숨겨진 비밀     95

사람을 홀리는 향기의 정체     99

설탕보다 200배 달콤한 슈퍼 감미료     104

식물의 생존 무기, 매운맛     109

고양이에게 생선 가게를 맡기면 안 되는 이유     114

저기압일 땐 고기 앞으로 123
암 유발 물질이 숙취 해소를? 127
미래 식량과 환경 문제의 해결사 132

# 4장 사람을 살리는 약, 사람을 죽이는 약

누구에겐 약 누구에겐 독, 호르몬의 양면성 139
모르는 게 약이 아니라 알아야 약이다 146
당뇨 치료제에서 다이어트 혁명까지 151
단백질을 알면 돈이 보인다 156
세상에서 가장 위험하고 아름다운 '독' 160
단백질 의약품을 주사로 맞는 이유 166
알비노, 축복일까 저주일까? 174
범인을 잡는 보라색 179

## 5장 바이오 혁신과 생명의 미래

| | |
|---|---|
| 실험실에서 만든 고기의 맛은 어떨까? | **187** |
| 우주에서 전해준 생명의 기원 | **194** |
| 노벨 화학상 수상자가 된 인공지능 | **199** |
| 생명 창조의 시대는 열릴 수 있을까? | **209** |
| 우리 몸을 지키는 스마트 무기, 항체 | **216** |
| 아미노산이 알려주는 건강 정보 | **226** |
| 유전자 코드를 단백질로 번역하는 통역사들 | **232** |

| | |
|---|---|
| **나가는 글** 단백질이 그리는 바이오 시대 | **238** |
| **감사의 글** | **245** |
| **이미지 출처** | **247** |

1장

# 생명의 두 번째 암호, 단백질

THE PROTEIN REVOLUTION

# 유전자가 그린 악보,
# 단백질이 연주하다

### 생명의 청사진, 유전자의 구조가 밝혀지다

1953년은 과학사에 큰 획을 긋는 위대한 발견이 일어난 해다. 유전자를 구성하는 물질인 DNA의 이중나선 구조가 프랜시스 크릭Francis Crick과 제임스 왓슨James Watson에 의해 처음으로 밝혀진 해이기 때문이다. 이중나선 구조란 명칭은 염기들로 서로 이어져 있는 두 개의 핵산 가닥이 오른쪽으로 꽈배기처럼 꼬여 있는 모습이 마치 나선형 계단이나 꼬인 사다리처럼 보인다고 해서 붙여졌다.

DNA 구조가 규명되면서 이제는 DNA에 담긴 생명체의 유전 정보가 어떻게 복제되고 자손들에게 전달되는지 논리적인 방식으로 설명할 수 있게 되었다. 즉 고전생물학 시대가 가고 생명 현상을 분자 수준에서 과학 용어로 설명할 수 있는 분자생물학의 시대가 열린 것

**DNA 이중나선 도식**

DNA 이중나선을 시각화한 그림이다. QR 코드를 스캔하면 1953년 《네이처》에 실린 최초의 DNA 이중나선 도식을 볼 수 있다. 논문에서는 "두 개의 리본은 두 개의 인산-당 사슬을 상징하며 수평 막대는 사슬을 서로 연결하는 염기쌍을 나타낸다. 수직선은 섬유축을 표현한다"라고 그림을 설명하고 있다.

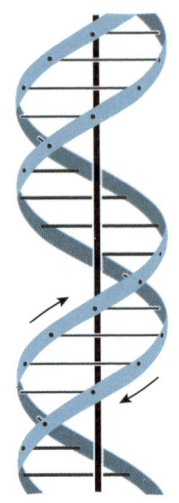

이다. DNA 이중나선 구조가 전 세계 유수의 생명과학 연구소나 생명공학 회사들이 가장 선호하는 상징으로 사용되는 것만 봐도, DNA 구조 규명이 생명과학에 끼친 엄청난 영향력을 알 수 있다.

이후 DNA를 대상으로 하는 유전자의 연구는 혁신적인 발전을 거듭했다. 그리고 20세기 말, DNA 구조를 처음 발견한 왓슨의 주도로 전 세계 생명과학자들은 인간 유전체 지도를 완성하기 위한 '인간 게놈 프로젝트Human Genome Project'를 추진했고 21세기가 열리자마자 인류는 그토록 열망했던 인간 유전체 지도를 손에 넣었다. 사람들은 생로병사의 비밀을 풀어냈다며 감격했고, 호사가들은 머지않은 미래에 인류의 생존을 위협하는 모든 질병이 사라질 것이라 말했다. 재미 삼아 혈액형이나 MBTI 등으로 분류하던 개인의 성격적 특성도 모두 인간 유전체 지도를 통해 알 수 있을 것으로 기대했다.

이 인간 게놈 프로젝트가 완수된 해로부터 25년이 지난 지금, 과연 인류는 질병으로부터 얼마나 자유로워졌을까?

### 아직도 풀지 못한 생로병사의 비밀

지난 수십 년간 유전체 분석 기술은 말 그대로 혁신을 거듭했다. 이제는 누구나 수백만 원만 지불하면 자신의 유전체 정보를 알 수 있는 세상이 되었다. 그럼에도 불구하고 우리는 여전히 암, 치매 등 인류의 오랜 숙제인 난치병들을 해결하지 못하고 있다. 오히려 코로나19 같은 팬데믹이 창궐하는 등 인류를 위협하는 전염병의 도전이 점점 더 심각해지고 있는 실정이다.

그토록 인류가 고대하던 인간 유전체 지도를 손에 넣고도 왜 우리는 여전히 생로병사의 비밀을 풀지 못하고 있는 것일까? 이유는 간단하다. 인체의 생로병사는 유전자 염기서열에 의해서만 결정되는 것이 아니기 때문이다. 유전자의 서열은 마치 베토벤이 작곡한 교향곡의 악보와도 같다. 그 악보를 누가 지휘하고 연주하느냐에 따라 매번 다른 느낌의 음악이 연주된다. 심지어 동일한 지휘자와 연주자가 같은 곡을 연주해도 매번 완전히 똑같지는 않다. 그렇기에 같은 악보가 수만 번, 수십만 번 연주되어도 여전히 우리는 각각의 연주에서 새롭고

## 동일한 유전자를 갖고 있음에도 다른 모습을 띠는 이유

애벌레와 나비를 처음 본 사람이라면 이 두 생명체가 동일한 유전자를 가지고 있을 것이라고 상상하지 못할 것이다. 하지만 애벌레와 나비는 100퍼센트 동일한 유전자를 가지고 있다. 이들이 모습이 다르게 나타나는 이유는 단백질의 발현 유무 때문이다.

신선한 감동을 받는다.

또 다른 비유로 곤충의 성장 과정을 들 수 있다. 곤충의 알, 애벌레, 번데기, 성충은 모두 동일한 유전자를 가지고 있다. 하지만 곤충이 알에서 성체로 탈피해가는 과정에서 우리 눈에 비치는 겉모습은 닮은 점이 전혀 없어 보인다. 일란성 쌍둥이는 어떤가? 갓난아기 때는 부모도 구분하지 못하는 똑같은 모습으로 태어나지만 살아가는 과정에서 서로 크게 달라지는 경우들이 허다하다. 즉 똑같은 유전체를 가지고 있는 생명도 환경이나 상황에 따라 매우 다른 형태와 생로병사의 길을 걷게 된다.

## 환경이 외모 변화에 끼치는 영향

일란성 쌍둥이라 해도 자라면서 모습이 서로 달라지는 경우도 많다. QR 코드를 스캔하면 텔로미어telomere 연구의 선구자인 빌 앤드루스Bill Andrews 박사와 일란성 쌍둥이 릭 앤드루스Rick Andrews가 등장하는 영상을 볼 수 있다. 두 사람은 동일한 유전자를 가지고 있어 어렸을 때는 부모도 구별하기 어려웠다고 한다. 하지만 성인이 된 후 생활 방식이 달라지면서 확연히 다른 외모를 갖게 됐다.

이런 차이를 만들어내는 가장 중요한 생체 물질이 무엇일까? 바로 단백질이다. 같은 유전자 구조를 가지고 있어도 단백질의 발현 양상에 따라 생명체의 모습과 생애가 달라지기 때문이다. 이처럼 생물 다양성의 배경에는 단백질이라는 비밀이 숨어 있다.

# 단백질은 유전자의 명령에 충실한 일꾼일까?

**유전자만 보면 모든 병을 알 수 있을까?**

우리는 유전자에 변이가 생기면 질병이 생긴다고 믿는다. 하지만 실제로 유전자 변이가 곧바로 질병으로 이어지는 경우는 생각만큼 흔하지 않다. 우리는 부모에게서 각각 한 개씩 유전자를 물려받아 총 두 개의 유전자를 가지는데, 이 중 한 개의 유전자가 고장 나더라도 나머지 하나가 정상적으로 작동하기 때문이다. 게다가 만약 두 개의 유전자가 모두 고장 나더라도 우리 몸은 이를 보완하는 다른 기능을 작동시켜 스스로를 보호한다.

암, 치매와 같이 우리를 괴롭히는 수많은 난치병은 다행스럽게도 유전자 한두 개의 변이로 쉽게 발생하지 않는다. 하지만 그런 만큼 유전자 분석만으로는 그 병의 원인이나 치료 방법을 찾는 것도 어렵다는 제약이 있다.

## 유전자 지도에서 단백질 지도로

이론적으로 모든 단백질은 그 설계도인 유전자의 지시에 따라 만들어져야 한다. 하지만 세포 내에서 만들어진 단백질들은 복잡한 3차 구조를 형성하면서 유전자 설계도에 담겨 있지 않은 여러 가지 변형의 과정을 겪게 된다. 그리고 이 변형의 과정은 세포의 다양한 내외부 환경에 따라 결정된다. 따라서 같은 유전자로부터 만들어진 단백질들이라도 이후 다양한 모습으로 변형되어 다른 기능을 가지게 되며 이 중 일부는 질병의 원인이 되기도 한다. 대표적인 예로 우리에겐 광우병으로 알려진 프리온prion 질병과 치매, 파킨슨병 등이 단백질 변형이 원인인 질병들이다.

결국 유전자가 발현하는 단백질에서 일어나는 복잡성 때문에 인류는 인간 유전체 지도를 손에 쥐고도 아직 생로병사의 문제를 완전히 해결하지 못하고 있는 것이다. 우리 몸을 만든 설계도를 가지고 있지만 실제로 집이 어떻게 만들어질지, 어떻게 사용될지, 얼마나 오랜 세월을 견딜지는 예측할 수 없다. 현재 유전자 정보를 의학적으로 참고하는 것은 가능해도 질병을 결정하는 절대적 지표로 사용하지 못하는 이유가 바로 여기에 있다.

현대의 생명과학은 생명 현상을 유전자 중심으로 풀어나가기 시작하면서 유전자 정보를 근간으로 하는 정밀의학 시대를 열었다. 그리고 유전자 정보를 활용한 예측과 예방의학preventive medicine으로 나날이 진보하고 있다. 하지만 위에서 언급한 것과 같이 유전자 정보만으로 인체의 생로병사를 정확히 예측하고 질병을 예방하는 데는 한계가 있다.

그렇기 때문에 유전자 이후 과정, 즉 단백질의 합성과 분해 과정, 구조 형성과 변형 과정을 이해하는 것이 매우 중요하다. 지난 25년간 노벨 화학상의 약 40퍼센트가 단백질 관련 연구였다는 것만 봐도 단백질 연구가 얼마나 중요한 분야인지를 간접적으로 증명한다. 생명의 원리와 생로병사의 비밀을 밝혀내는 열쇠가 이제는 유전자에서 단백질로 넘어오고 있다.

# 유전자는 곧 운명일까?

### 좋은 유전자, 나쁜 유전자

새해가 되면 많은 사람이 신년운세를 보기 위해 점집을 찾는다. 이때 사용되는 '사주명리'는 태어난 생년월일시를 의미하는 여덟 개의 글자 속에 그 사람의 타고난 운명이 코드화되어 있다는 이론이다. 이를 잘 해석하면 길흉화복을 예측 및 대비할 수 있다고 해서 최근에는 MZ 세대 사이에서도 사주가 큰 인기를 끌고 있다. 그런데 사주는 세상의 모든 일이 이미 정해져 있으며 인간의 노력으로 바꿀 수 없다는 운명론에 해당한다. 이런 운명론은 인류 문명이 시작된 오랜 과거에서부터 첨단과학이 지배하는 오늘날에 이르기까지 수많은 사람의 관심을 받아왔다.

인류의 역사를 되돌아보면 생명의 영역에서도 우리가 가지고 있는 유전자를 바탕으로 이 운명론과 유사한 관념들이 존재했다. 예를 들면 영국의 생물학자 프랜시스 골턴Francis Galton에 의해 1883년에 제시된 우생학eugenics이라는 개념이 대표적이다.

우생학은 간단히 말하면 유전 법칙을 응용해 인간종의 개선을 연구하는 것이다. 골턴은 찰스 다윈의 사촌으로, 다윈의 진화론에 나오는 적자생존의 개념에 영감을 받아 '좋은 유전자'를 장려하고 '나쁜 유전자'를 억제해 세상을 개선해야 한다고 주장했다. 이런 관념은 제국주의 열강들이 식민 지배를 정당화하는 이론적 배경으로 사용되었을 뿐 아니라 나치의 '게르만 우월주의germanic supremacy'로 발전해 홀로코스트라는 20세기 가장 끔찍한 비극을 만들어냈다.

상황은 다르지만 여전히 유전자가 우리의 생로병사뿐만 아니라 지능, 성격, 외모까지 모두 결정하며 이렇게 결정된 유전적 운명은 바꿀 수 없다는 생각이 사회 전반에 알게 모르게 스며들어 있다. 실제로 현대의 생명과학과 의학 역시 유전자 결정론의 관점에서 연구되고 있으며 이를 통해 새로운 치료 방법을 찾으려는 경향이 지배적이다.

### 유전자 맹신 시대

미국 할리우드 스타 앤젤리나 졸리는 2013년 《뉴욕 타임스》에 자신의 양쪽 유방을 제거하는 수술을 단행한 심경을 밝혔다. 암이 발병하지도 않았는데 미리 유방을 제거한 것에 대해 전 세계 사람들은 그 이유를 궁금해했다. 졸리는 기고문에서 어머니를 포함, 가족 중 세 명이 암으로 사망했다고 밝혔다. 그러면서 자신은 유전자 검사를 통해 유전성 유방암, 난소암의 원인인 BRCA1 유전자 변이를 발견했고 치료가 아닌 예방을 목적으로 수술을 시행했다는 것이다.

최근 여러 연구에 따르면 BRCA1 유전자 변이를 가진 여성의 경우 유방암 발생 위험이 최대 80퍼센트까지 증가하는 것으로 알려져 있다. 이에 앤젤리나 졸리는 미리 유방을 제거함으로써 유방암 발병 확률을 아예 없애버린 것이다. 매우 극단적인 사례지만 이처럼 유전자 정보를 이용해 미래의 병을 예측하고 수술적 처치뿐만 아니라 식습관이나 생활 습관을 바꿔 질병을 사전에 예방하는 예방의학에 대한 연구가 이어지고 있다.

또한 암 환자에게 개별적인 유전자 검사를 실시해, 환자마다 부작용이 적고 효과가 좋은 치료제를 선정하는 데 유전자 정보를 활용하고 있다. 대표적인 사례로 타목시펜tamoxifen이라는 유방암 치료제를 들 수 있다. 이 약물이 항암 효과를 발휘하기 위해서는, 체내에서 약물대사 효소인 CYP2D6에 의해 활성화되어야 한다. 하지만 사람마다 CYP2D6 효소의 활성도가 달라 어떤 환자들에게는 약효가 미미하게 나타나기도 한다.

이런 이유로 병원에서는 미리 유전자 검사를 통해 CYP2D6 활성을 분석해서 타목시펜의 사용 여부를 판단한다. 이를 '약물유전체분석pharmacogenomics analysis'이라고 하는데 미래의 맞춤의학personalized medicine 또는 정밀의학precision medicine의 토대가 될 것으로 예측된다.

유전자 결정론이 맞는지 틀리는지를 떠나 '내가 가진 유전자는 나의 운명을 얼마나 결정할 수 있을까?'는 '내가 아버지를 닮았나, 어머니를 닮았나?'라는 질문만큼이나 누구나 한 번쯤은 가져봤음직한 의문이다. 그리고 그 배경에는 내가 가지고 있는 유전자가 나의 생로병사와 운명을 결정할 것이라는 믿음이 있다. 사람들의 마음 한 켠에 깊게 자리 잡고 있는 이 믿음은 과연 얼마나 사실일까?

# 인간 게놈 프로젝트의 완성, 그 이후

### 사물의 원리를 탐구하다

19세기 말에서 20세기 초반은 주로 물리 및 화학 현상에 관한 질문들이 과학기술을 주도하는 시대였다. 많은 과학자가 '세상은 어떻게 움직이는가?', '세상은 무엇으로 이뤄졌는가?' 같은 아주 근본적인 질문에 대한 답을 얻기 위해 수없이 토론하고 연구를 거듭했다. 그리고 아이러니하게도 이 물리학을 중심으로 하는 과학기술은 제2차 세계대전이라는 비극 속에서 찬란한 꽃을 피웠다.

예를 들면 전자기학은 고성능 레이더를 만들어 눈에 보이지 않는 적의 전투기와 전함을 볼 수 있게 해주었다. 전 세계 과학자들이 참여한 핵폭탄 개발 프로젝트인 '맨해튼 프로젝트Manhattan Project'는 물질의 가장 작은 단위인 원자를 인위적으로 쪼개 엄청난 폭발 에너지를 만들어내는 영역까지 다다랐다.

이처럼 세상이 움직이는 자연의 원리를 이해하고 응용하는 경험을 하고 나자, 물리학자들은 그들의 끝없는 호기심을 채워줄 새로운 탐구 영역을 찾아 나섰다. 이때 그들의 눈에 들어온 것이 생명의 비밀이었다. 세상의 이치를 이해했지만 정작 우리 몸이 작동하는 원리에 대해서는 너무나도 무지했음을 알게 된 것이다.

그중 양자역학의 기본 토대를 만든 물리학자 닐스 보어Niels Bohr와 에르빈 슈뢰딩거Erwin Schrödinger는 생물학과 양자역학의 결합이 과학의 최전선이라고 생각했다. 특히 슈뢰딩거는 1944년 생명체의 유전 암호가 있는 복잡한 분자의 개념이 포함된『생명이란 무엇인가』라는 책을 내면서 20세기 중반 과학의 중심축이 물리학으로부터 생명과학으로 이동하는 단초를 제공했다.

흥미롭게도 제임스 왓슨이 바로 이 책을 읽고 영감을 받아 유전정보를 담고 있는 DNA의 화학적, 구조적 특성에 대해 흥미를 가지게 되었다. 그리고 이것이 나중에 DNA의 이중나선 구조를 밝히는 세기적 발견으로 이어졌다.

### 유전자의 구조를 푼 사람들

제임스 왓슨과 함께 DNA 구조 규명에 기여했던 과학자로 프랜시스 크릭이 있다. 그 역시 유니버시티 칼리지 런던UCL에서 물리학을 전공하고 제2차 세계대전 중에는 군에서 레이더 및 어뢰 연구를 진행하던 물리학도였다. 그는 전쟁이 끝난 후 불어온 생물학 열풍을 타고 케임브리지대학교에서 생물물리학을 본격적으로 연구하기 시작했다. 그리고 바로 그곳에서 미국에서 유학 온 왓슨을 만났다.

1953년 4월 25일 크릭과 왓슨 두 사람은 생명의 비밀을 풀 생명의 암호가 DNA에 어떤 화학적 구조로 저장되어 있는지 《네이처》에 1,000단어도 채 되지 않는 128줄의 짧은 논문으로 발표했다. 논문의 제목은 「핵산의 분자구조: 데옥시리보핵산의 구조Molecular structure of Nucleic Acids: A Structure for Deoxyribose Nucleic Acid」였다.

크릭과 왓슨은 논문에서 DNA가 이중나선으로 되어 있고 두 나선이 아데닌adenine, A과 티민thymine, T, 구아닌guanine, G과 시토신cytosine, C이 서로 상보성을 이뤄 결합한다고 발표했다. 생명체의 유전 암호가 이 네 개의 염기들이 만드는 서열에 의해 저장되어 있다는 사실이 드디어 구조적으로 설명된 것이다.

이 논문은 고전생물학의 시대가 끝나고 생명 현상을 물리적, 화학적 방법으로 설명할 수 있는 분자생물학 시대가 열렸음을 전 세계에 알리는 선언문이 되었다. 그리고 크릭과 왓슨은 그 공로를 인정받아 1962년 노벨 생리의학상을 받았다.

그로부터 10년이 지난 1972년에 스탠퍼드대학교의 폴 버그Paul Berg 교수는 원숭이 바이러스인 SV40의 DNA와 박테리아의 DNA를 결합해 자연에는 존재하지 않는 새로운 재조합 DNA를 만드는 데 성공했다(1980년 노벨 화학상 수상). 그리고 바로 다음 해인 1973년에는 스탠퍼드대학교의 스탠리 코언Stanley Cohen 교수와 캘리포니아 주립대학교 샌프란시스코 캠퍼스의 허버트 보이어Herbert Boyer 교수가 세균의 작은 DNA 조각을 이용해 재조합 DNA를 세균 안에 삽입 및 복제하는 기술을 개발했다. 이렇게 DNA를 복제하거나 새로운 DNA를 조합하는 등 생명의 비밀을 밝혀내는 생명공학biotechnology의 시대가 시작되었다.

### 인간 게놈 프로젝트의 완성과 남은 숙제

생명체의 유전 암호를 밝혀내기 시작한 과학자들은 이를 바탕으로 인간의 유전체 전체를 해독하겠다는 거창한 계획을 세웠다. 1990년 미국 국립보건원NIH과 에너지부DOE는 인간 유전체를 구성하는 30억 쌍의 DNA 염기 서열 전체를 해독하고 약 10만 개 정도일 것으로 예상되는 단백질 합성 유전자들의 지도를 완성하는 프로젝트를 발표했다.

'인간 게놈 프로젝트'로 불리는 이 계획을 발표하자 세계 각국 언론들은 "신이 창조한 생명의 언어를 배우다", "인간이라는 책을 읽는 대장정", "생물학의 성배" 등 다양한 표현으로 이 프로젝트의 의미와 앞으로 펼쳐질 신세계를 표현했다.

그리고 과학자들은 유전자를 해독함으로써 인류가 난치성 질병을 극복하고 생로병사의 비밀을 풀어낼 것이라고 예측했다. 회사 이름에 게놈이 들어간 바이오테크 회사들의 주가가 연일 폭등했고, 호사가들

## 인간 게놈 프로젝트의 로고

인간 게놈 프로젝트는 인간 DNA를 구성하는 염기쌍을 밝혀내고, 인간 유전체에 포함된 모든 유전자를 물리적·기능적 관점에서 식별하고 지도화하며 염기 서열을 분석하는 것을 목표로 한 국제 공동 과학 연구였다.

은 인류가 암을 비롯한 모든 질병을 정복하고 무병장수의 시대가 도래할 것이라고 흥분했다.

이렇듯 세계적인 관심 속에서 인간 게놈 프로젝트는 2001년 6월에 초안이 작성되었고 불과 2년 뒤인 2003년에 인간 유전체 지도 완성이라는 세기적 업적이 발표됐다. 크릭과 왓슨이 DNA 이중나선 구조를 밝힌 지 50주년이 되는 해였다.

인간 유전체 지도가 완성된 지 20여 년이 흐른 현재, 프로젝트가 처음 시작될 때 우리 모두가 바랐던 것처럼 인류는 정말로 질병의 고통으로부터 자유로워졌을까? 아쉽게도 우리는 여전히 온갖 질병으로 고통받고 있다. 환경오염, 고령화, 스트레스 등으로 오히려 난치 질환의 빈도가 크게 증가하고 있으며 코로나19 같은 팬데믹의 위험도 현실화되고 있다. 그토록 원하던 인간의 유전체 지도를 손에 쥐었는데 우리는 왜 아직도 생로병사의 비밀을 풀지 못하고 각종 질병으로부터 자유를 누리지 못하고 있을까?

# 포스트 게놈 시대: 정적인 유전자에서 동적인 단백질로

### 일란성 쌍둥이가 알려주는 유전자의 아이러니

앞서 언급했던 질문을 다시 한번 떠올려보자. 과연 모든 생명체의 운명은 유전자에 의해 전적으로 결정되는 것일까? 나의 모든 운명과 생로병사가 유전자에 의해 모두 결정된다면 우리가 살아가면서 할 수 있는 일은 무엇일까? 유전적으로 한번 정해진 운명은 결코 바꿀 수 없는 걸까?

유전적으로 100퍼센트 동일한 일란성 쌍둥이가 있다. 두 사람 중 한 명이 암에 걸리면 다른 한 사람도 무조건 암에 걸릴까? 나아가 두 사람은 동일한 날짜에 죽음을 맞이할까? 답은 "그렇지 않다"다. 왜 그럴까?

이는 동일한 유전자를 가지고 있어도 유전자가 만들어낸 단백질이 이후 생존해가는 과정에서 다양하게 변화하고 그 상태가 달라질 수 있기 때문이다. 쉽게 설명하면 같은 악보라도 연주자나 가수에 따라 다른 음악으로 표현되는 것처럼, 같은 유전자도 환경에 따라 다른 상태로 발현될 수 있다.

### 유전자는 인생의 청사진일 뿐이다

좀 더 구체적으로 살펴보자. 인간의 유전체에서 단백질을 만드는 유전자는 2만여 개지만 이들에 의해 실제로 세포가 만들어내는 단백질의 종류는 약 100만 가지가 넘는 것으로 예측된다. 즉 유전자가 단백질을 만드는 과정 이후에 약 50배 더 복잡한 변화 과정이 존재한다는 뜻이다.

때문에 똑같은 유전자라도 개인에 따라 얼마든지 다른 결과를 만들어낼 수 있다. 그래서 유전자가 동일한 일란성 쌍둥이라고 해도 규칙적으로 건강한 음식을 먹고 운동을 한 사람과 그 반대의 생활 습관을 가진 사람은 전혀 다른 생로병사의 과정을 경험하게 되는 것이다. 유전자는 인생의 청사진일 뿐, 이 청사진을 통해 어떤 모습으로 살아갈지는 삶의 태도와 습관으로 결정할 수 있다는 이야기다. 한편으로는 다행이라 할 수 있다.

인간 유전체 지도가 완성된 지금, 우리는 포스트 게놈 시대post genome era에 살고 있다. 우리는 태어날 때 부모로부터 받은 유전체를 가지고 평생을 살게 되지만 그 유전체가 만들어내는 단백질은 매일 우리 몸속에서 다른 모습으로 발현되어 우리의 생명을 책임지고 있다. 우리가 매년 유전자 검사가 아닌 피검사, MRI, CT 등을 찍으며 건강 검진을 받는 이유다.

그럼에도 불구하고 아직 우리는 유전체가 만들어내는 단백질들이 어떻게 우리 몸에서 다양화되고 어떤 일을 하게 되는지 정확히 이해하지는 못한다. 이것이 인체 유전체 지도를 손에 쥔 지 20년이 지난 지금도 질병을 정복하지 못하는 근본적인 이유다.

생명과학자들에게 생명을 구성하는 여러 물질 중에서 가장 근원에 가까운 물질을 꼽으라면 주저 없이 핵산nucleic acid과 아미노산amino acid이라고 답할 것이다. 이 두 물질은 세포 내에서 필수적인 역할을 하는 생체 분자들로, 말하자면 생명을 이루는 핵심 중의 핵심이라고 할 수 있다.

핵산은 우리 몸의 유전 정보를 저장하거나 전달하는 역할을 하는 고분자 물질로 두 가지 종류가 있다. 하나는 생명체의 유전 정보를 기록해놓은 생물의 설계도인 DNA이고, 다른 하나는 이를 복제해 아미노산이 설계도대로 연결되도록 전달해주는 RNA다. 그리고 아미노산은 DNA에 보관된 유전 정보에 따라 만들어지는 최종 산물인 단백질의 유일한 구성 성분이다.

### 생명 정보의 흐름: 유전자에서 단백질로

우리 몸에서 DNA가 단백질을 만드는 과정은 제빵 레시피로 빵을 만드는 과정과 같다. 보통의 빵 레시피는 밀가루 100그램에 물 10밀리리터와 소금, 설탕, 버터, 이스트를 넣고 반죽한 후에, 냉장고에서 30분간 발효하고 섭씨 200도로 예열한 오븐에 넣은 다음 15분간 굽는다고 설명되어 있다. 그런데 이 제빵 레시피에는 오븐에서 나오는 최종 완성된 빵의 크기나 모양, 냄새나 맛을 예상할 수 있는 정보가 들어가 있지 않다.

DNA도 마찬가지다. DNA는 이중나선을 이루는 아데닌, 티민, 구아닌, 시토신, 네 개의 염기가 상보성을 이뤄 결합되어 있을 뿐 이를 통해 만들어지는 최종 산물의 모양이나 크기, 기능 등에 대한 정보는 구체적으로 제공하지 않는다.

또한 매우 중요한 제빵 레시피를 누군가에게 전달할 때 혹시 레시피를 분실하거나 오염될 것을 대비해 원본은 그대로 두고 복사본을 사용한다. 마찬가지로 단백질을 만들 때 세포들은 DNA 정보를 RNA로 복사본을 만들어 세포핵에서 세포질로 내보내며, 그곳에서 단백질을 합성하는 레시피로 사용한다. 그리고 세포핵에서 세포질로 나온 RNA에 담겨진 유전 암호에 매칭되는 20개 아미노산들을 일렬로 이어 붙이는 작업을 하는데, 이런 과정을 통해 비로소 단백질이 만들어진다.

요약하면 DNA 구조 내에 저장되어 있던 유전자의 정보는 메신저 역할을 하는 mRNA에 복사되어 세포질로 나간다. 그런 다음 거기서 아미노산을 이용한 단백질 합성을 통해 비로소 구체적인 모습을 갖춘다. 이 과정이 바로 지구상 거의 모든 생명체가 사용하고 있는 생명의 중심 원리다(5장 '유전자 코드를 단백질로 번역하는 통역사들' 참고).

# 단백질,
# 3차원의 마술사

### 단백질을 알아야 기능이 보인다

오늘날 다양한 콘텐츠가 가득한 온라인 동영상 서비스OTT를 보면 서바이벌 프로그램이 큰 인기를 끄는 것을 알 수 있다. 그중에서도 특히 음식으로 경연을 펼치는 서바이벌 프로그램은 전 세계 사람들이 가장 즐겨 보는 콘텐츠이기도 하다.

자신만의 레시피와 재료로 맛있는 음식을 만드는 서바이벌 프로그램 속 심사위원들은 음식을 만드는 재료나 방법이 적혀 있는 레시피만을 보고 승패를 평가하지 않는다. 반드시 최종 완성된 음식을 눈으로 보고 냄새 맡고 먹어본 뒤에 출연자의 생존과 탈락을 결정한다. 왜 그런 걸까? 아무리 경험이 많은 요리사나 달인이라도 재료나 레시피만 보고 최종 결과물인 음식의 생김새, 질감, 냄새, 맛 등을 정확하게 예측할 수는 없기 때문이다.

같은 이유로 DNA에 기록되어 있는 염기 서열을 보면 앞으로 만들어질 단백질의 크기와 아미노산의 배열은 예측할 수 있지만, 그렇게 만들어진 단백질이 어떤 모양이고 어떤 기능을 하는지는 정확히 알 수 없다. 결국 최종적으로 만들어진 단백질을 다양한 방법으로 분석해야만 그 단백질의 정확한 모양과 기능을 알 수 있다.

## 생명을 유지하는 단백질의 다양한 기능

그럼 우리 몸에서 단백질은 어떤 역할들을 하고 있을까? 눈에 보이는 것부터 보이지 않는 것까지 여러 역할을 한다. 단백질이 구성하는 부분과 그 기능을 분류해서 살펴보면 다음과 같다.

### 우리 몸의 구조를 형성하는 재료

단백질은 작게는 세포, 크게는 우리 몸의 구조를 유지하고 조직의 강도와 유연성을 제공한다. 예를 들면 근육은 뼈와 뼈를 둘러싸고 지지해줌으로써 신체의 전체적인 형태를 유지할 수 있도록 해준다. 화장품 원료로 잘 알려진 콜라겐은 피부, 힘줄, 인대와 같은 결합 조직에서 중요한 역할을 하며, 케라틴은 머리카락과 손톱을 구성한다.

### 몸속에서 일어나는 화학 반응의 촉매

생명 유지를 위해 신체 내에서 일어나는 수천 가지 화학 반응을 조절하며, 영양소를 분해하거나 합성하는 데 필수적인 역할을 하는 물질을 '효소'라 한다. 예를 들면 밥이나 빵 등 탄수화물을 분해하는 아밀라아제나 단백질을 작은 조각으로 쪼개 소화를 돕는 펩신 등이 대표적인 효소다. 또한 유전자 암호에 따라 아미노산이 연결되어 단백질이 합성되는 과정에서도 아미노산과 이를 전달하는 운반 RNA<sub>tRNA</sub>를 결합시키는 효소, 즉 아미노아실 tRNA 합성효소<sub>aminoacyl tRNA synthetase</sub>가 반드시 필요하다.

### 각 기관에 필요한 물질을 나르는 운반자

단백질은 체내에서 다양한 물질을 필요한 곳으로 운반하는 택배 역할도 한다. 예를 들어 우리가 숨을 쉬면 산소가 체내로 들어오는데, 이 산소를 온몸 구석구석으로 공급하는 것이 혈액 속 단백질인 헤모글로빈이다. 교통사고 등으로 인해 심각한 출혈이 발생하면 숨이 차고 어지러운 증상이 나타나기도 하는데 이는 산소를 공급하는 헤모글로빈 수치가 감소했기 때문이다.

### 외부의 병원체로부터 우리 몸을 지키는 경찰

우리 몸은 외부에서 바이러스나 세균이 체내로 들어오면 이 병원체와 싸울 전사를 만들어내는데 이것이 바로 항체다. 비유하면 시민을 지키고 보호하는 경찰이나 군인과 같은 역할을 우리 몸에서 하는 것이다.

## 단백질이 우리 몸에서 수행하는 다양한 역할

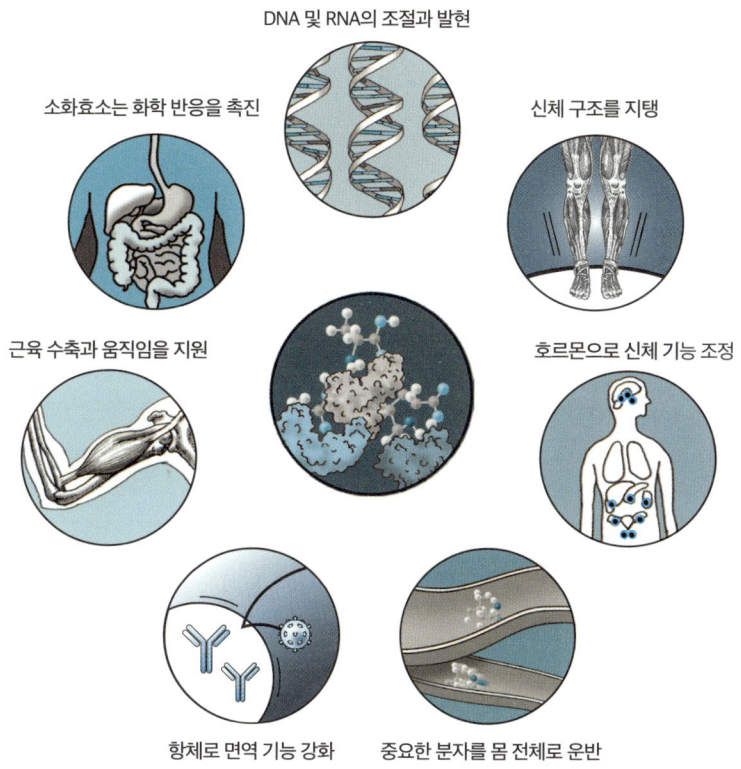

단백질은 우리 몸에서 다양한 기능을 수행한다. 예를 들어 각종 효소, 항체, 호르몬 등을 만들고 근육을 움직이게 하며 산소 등 몸에 필요한 분자를 운반한다.

　이 같은 체내 면역 시스템을 이용해 질병에 걸리지 않도록 하는 것이 코로나19를 통해 우리에게 익숙해진 백신이다. 백신은 바이러스나 세균이 만들어내는 단백질의 일부를 미리 몸에 주입, 사전 훈련을 시킴으로써 실제 병원체가 들어왔을 때 빠르고 정확하게 항체를 만들어 질병을 예방할 수 있도록 도와준다.

### 건강 신호를 전달하는 메신저

청소년들의 성장을 조절하는 성장 호르몬, 혈액 속 포도당 농도가 너무 높으면 "혈당을 낮춰!"라는 신호를 보내는 인슐린 등 세포, 조직, 장기 간의 소통을 돕는 단백질이 있다. 이 메신저 단백질은 우리 몸을 건강한 상태로 유지하기 위한 다양한 신호 전달 물질 호르몬과 이 신호를 받아 작동하는 수용체를 구성한다.

### 근육을 움직이는 힘

근육은 작은 단위의 섬유들로 이뤄져 있는데 그 안을 자세히 보면 액틴과 미오신이라는 단백질이 서로 겹쳐 있다. 이 두 단백질이 상호 수축과 이완 작업을 통해 근육을 움직인다.

### 최후의 에너지원

보통 단백질은 우리 몸을 구성하거나 생명 유지를 위해 중요한 일들을 하지만 탄수화물이나 지방 같은 에너지원이 부족하면 우리 몸은 최후의 보루로 단백질을 에너지원으로 사용한다. 장기간 음식 섭취를 못 하면 몸은 주요 장기를 이루는 근육에 있는 단백질을 분해해 에너지원으로 사용하기 시작한다. 그러면 생명 유지에 필수적인 장기들이 근손실로 제 기능을 하지 못하게 되면서 결국은 사망에 이른다.

우리 몸은 고유의 기능을 가진 수많은 단백질로 이뤄져 있다고 해도 과언이 아니다. 단백질은 우리 몸에서 대사, 운송, 신호 전달, 보관, 구조, 운동 등의 다양한 기능을 수행함으로써 우리가 생명을 유지하고 환경에 대응하며 감정을 느끼고 행동하는 복합적이고 섬세한 존재로 살아갈 수 있게 해준다.

이렇게 단백질이 다양한 기능을 수행할 수 있는 이유는 각 단백질들이 고유의 기능을 수행하기에 최적의 3차원 구조를 형성하기 때문이다. 단백질의 3차 구조는 각 단백질의 구성 요소인 아미노산의 서열에 의해 결정되며 따라서 아미노산의 균형 잡힌 공급이 우리 몸의 건강을 유지하는 데 매우 중요하다.

이제 시야를 넓혀 단백질과 이를 구성하는 아미노산들이 우리 몸뿐만 아니라 우리가 살고 있는 사회 전반의 현상들과 어떤 연관성이 있는지 다양한 에피소드를 통해 살펴보도록 하자. 단백질을 알면 우리 몸뿐 아니라 이를 통해 펼쳐질 신세계를 미리 엿볼 수 있기 때문이다.

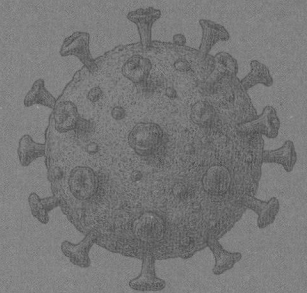

# 2장

# 생로병사의
# 비밀을
# 풀다

THE
PROTEIN
REVOLUTION

# 단백질이 여는
# 100세 시대

### 가속노화의 위협

최근 '가속노화accelerated aging'라는 단어가 화제다. 가속노화란 정상적인 노화 과정보다 훨씬 빠르게 신체가 노화되는 것을 뜻하는데, 예를 들면 실제 나이는 스무 살인데 생물학적 나이는 마흔 살로 나오는 경우다.

연구에 따르면 요즘 우리나라 20~40대들이 부모 세대보다 훨씬 빠른 속도로 늙고 있다고 한다. 정상적인 노화 과정보다 더 빠르게 늙는 사람들이 증가하고 있다는 것이다. 그 이유로는 스트레스, 흡연, 음주, 불균형한 식단, 운동 부족 등이 있다. 아이러니한 사실은 과학기술의 발달로 어렵게 이루어낸 물질적 풍요와 안락한 생활 등이 가속노화를 부추기고 있다는 점이다.

**출생 연도와 성별에 따른 건강 기간과 유병 기간**

출처: 통계청

2012년 출생아에 비해 2022년 출생아의 기대수명은 늘어났지만 건강을 유지하는 기간은 크게 변하지 않았다. 오히려 기대수명이 늘어난 만큼 유병 기간이 늘어났다.

그렇다면 노화란 무엇일까? 노화를 설명하는 여러 가지 학설이 있지만 체내 단백질들의 변형이 중요한 원인으로 꼽힌다. 즉 다양한 이유로 체내 단백질들이 손상되거나 변형되면서 세포의 기능이 떨어지고, 이로 인해 우리 몸의 주요 장기나 기관들이 제 기능을 못 하게 되는 것이다.

가속노화를 경계해야 하는 이유는 곧 다가올 100세 시대에 건강한 노후의 최대 적이 될 수 있기 때문이다. 정상적인 노화의 과정에서도 70세가 넘어가면 신체 노화로 치매, 심혈관 질환, 당뇨, 황반변성, 암 등 다양한 노인성 질환이 발생한다. 가속노화로 생물학적 나이가 더 빠르게 들수록 이러한 노인성 질환이 조기에 발생해, 행복한 노후는 사실상 요원해진다.

실제로 통계청 자료에 따르면 우리나라 2022년 출생아의 남녀 평균 건강수명은 약 65.8세로 평균 기대수명 약 82.7세에 비해 약 17년이 짧은 것으로 나왔다. 이 말은 생을 마감하기 전 무려 17년을 질병의 고통 속에서 보낸다는 것이다.

### 건강관리 패러다임의 전환

이 같은 불행을 막기 위해서는 예방적 건강관리를 통한 패러다임 전환이 필요하다. 지금까지는 질병이 발생한 후 치료하는 사후적 대처가 이뤄져왔다면, 이제는 건강검진 등을 통해 질병을 조기에 발견하고 치료하거나 질병이 발생하기 전에 적극 대응해 병을 예방하는 것이다.

특히 각종 노인성 질환은 신체 기능이 쇠약해지면서 발병하는데, 신체 기능이 강건할 때부터 예방 차원의 관리를 통해 노쇠해지지 않도록 관리하는 것이 중요하다. 그리고 이런 예측, 예방적 신체 관리를 일찍부터 할수록 노후의 유병 기간을 줄이고 장수라는 100세 시대의 혜택을 누릴 수 있다.

최근 과학자들은 스트레스 등으로 단백질의 구조가 변형되어 체내에 축적되면 이것이 원인이 되어 노화가 빨라지거나 질병이 발생한다고 의심하고 있다. 따라서 이런 현상을 막아 노화를 조절하려는 연구들이 세계 각국에서 활발히 진행되고 있다. 이제는 신체 내 주요 단백질들의 나쁜 변형을 방지하는 것이 노화를 지연시키고 질병을 예방하는 데 매우 중요한 전략으로 떠오르고 있다.

# 노화는 운명일까, 치료 가능한 질병일까?

**"늙어서 그래!"**

유치원에 다니기 시작하면서 세상 모든 것이 궁금한 손자가 할머니에게 물어본다.

"할머니는 왜 피부가 쭈글쭈글해? 머리카락은 왜 하얘?"

눈에 넣어도 아프지 않을 사랑스러운 손자의 비수 같은 질문에 할머니는 1초의 망설임도 없이 답한다.

"응, 늙어서 그래!"

지구에 인류가 출연한 후부터 지금까지 노화는 마치 봄에 새싹이 나고 겨울에 눈이 오듯 당연한 현상이자 자연의 섭리로 받아들여졌다. 약 30만 명의 의료 기록을 추적한 영국 바이오뱅크의 데이터 분석에 따르면 사람들이 70대가 되면 각종 노인성 질병의 발병률이 30대에 비해 100배 이상 증가하는 것으로 나타났다. 때문에 의료인들도 환자들에게 으레 "나이가 드셔서 그래요", "노화 때문에 그렇습니다", "나이가 들면 다 그래요"라는 말로 노화에 따른 인체의 다양한 변화를 일반화해왔다.

### 노화는 섭리가 아니라 질병이다

그렇다면 노화란 무엇일까? 사전을 보면 "시간이 흐름에 따라 생체 구조와 기능이 쇠퇴하는 현상"이라고 나와 있다. 이 현상의 원인을 찾기 위해 고대의 연금술사부터 오늘날의 과학자들까지 수많은 사람이 노화의 비밀을 밝혀내고자 고군분투했다. 그리고 1953년에 프랜시스 크릭과 제임스 왓슨이 DNA의 이중나선 구조를 처음 발견하면서 그 모든 비밀이 유전자에 있다고 생각하게 되었다.

그동안의 연구 결과에 따르면 노화의 원인 중 하나는 인체를 구성하는 세포들이 시간이 지나면서 다양한 이유로 제 역할을 하지 못해 발생한다. 예를 들어 세포가 수십 차례 DNA 복제를 통해 분열하는 과정에서 DNA가 불완전하게 복제되는 오류가 일어나 노화가 급격히 진행된다는 것이다.

이렇듯 노화는 그 누구도 피할 수 없는 자연 현상이지만 원인이 있는 질병이라고도 볼 수 있다. 노화의 구체적 원인과 기전을 정확히 이해할 수 있다면 좀 더 과학적인 방법으로 노화를 예방하고 나아가 치료하는 것도 가능하지 않을까? 2018년 세계보건기구WHO는 노화에 질병 코드(XT9T)를 부여했다. 이로써 노화는 모든 인간이 걸리는 가장 흔한 질병이 되었다. 그리고 과학자, 의료인, 제약회사들은 노화라는 질병을 치료할 수 있는 약을 찾기 시작했다.

그중에서도 『노화의 종말』이라는 책으로 유명한 데이비드 A. 싱클레어David A. Sinclair 하버드대학교 의과대학 교수와 그의 연구팀이 2023년 과학 저널 《셀》에 발표한 쥐 실험 결과가 눈에 띈다. 실험에서 연구팀은 쥐 DNA의 특정 부위를 손상시켰는데, 그러자 DNA를 수리하는 단백질이 즉시 손상된 DNA로 가서 손상된 부위를 수리하는 현상이 나타났다. 하지만 그 뒤로도 DNA를 수차례 손상시키자 결국 단백질이 손상된 DNA를 수리하지 못하고 쥐의 시력, 근육, 털 등이 급격하게 노화되는 것을 확인했다.

연구팀은 이어서 DNA 수리 단백질을 활성화하는 물질을 노화된 쥐에 주입했다. 그러자 희고 듬성듬성한 털이 검은 털로 수북해졌을 뿐만 아니라 시력도 정상적으로 회복되는 일이 벌어졌다. 이에 연구팀은 DNA의 손상 자체가 노화의 원인이라고 여겼던 기존 이론을 반박하고 DNA를 수리하는 단백질의 기능 저하가 노화의 더 직접적 원인이라고 주장했다. 치료 개념에서 보면 손상된 DNA를 일일이 찾아 고치는 것은 매우 어렵지만 DNA를 수리하는 단백질의 활성화를 조절하는 건 상대적으로 쉽다.

이 밖에도 노르웨이의 한 연구팀은 정기적으로 운동하는 젊고 건강한 성인의 '운동성 혈장ExPlas'에 포함된 호르몬으로 노화를 치료하려는 실험을 진행하고 있다. 실험에서 알츠하이머가 유도된 쥐에 건강한 쥐의 운동성 혈장을 주입하자 해마에서 새로운 신경세포가 빠르게 형성되는 것으로 나타났다.

### 초장수 시대, 유토피아인가 디스토피아인가?

만일 연구를 통해 노화를 예방하거나 치료하는 약이 정말로 만들어진다면 앞으로 인간의 수명은 얼마나 늘어날까? 2003년 미국의 두 연구자가 인간의 최대 수명을 두고 5억 달러(한화로 약 6,800억 원) 내기를 했다. 일리노이대학교의 스튜어트 올샨스키Stuart Olshansky 교수는 2150년 1월 1일 기준으로 130세를, 앨라배마대학교의 스티븐 오스태드Steven Austad 교수는 150세를 주장했다. 2022년 현재 한국인의 평균 기대수명이 82.7세니까 짧게는 50년, 길게는 70년을 더 살 수 있다는 것이다.

그러면 늙지 않고 모두가 장수하는 사회는 과연 유토피아일까? 인간의 기대수명이 늘어나는 것은 바람직한 일이겠으나 이에 따라 복지, 의료, 경제활동 등 각종 사회 시스템의 연구와 법적 제도 등도 그에 맞게 변화해야 한다. 만약 이런 사회적 시스템의 준비 없이 초장수 시대가 도래한다면 인류는 유토피아가 아닌 디스토피아를 맞이할 것이기 때문이다.

# 고장 난 단백질이
# 기억을 삭제하다

**장수의 역설, 치매**

과거 장수는 축복이자 모든 사람이 선망하는 대상이었다. 하지만 과학과 의학의 발달로 100세 시대를 앞둔 요즘, 사람들의 기대와 다르게 장수 시대의 부정적 현상들이 곳곳에서 나타나고 있다. 그중 하나가 불행히도 장수와 건강이 공존하지 못한다는 것이다. 오래 산다는 것은 신체 노화가 계속 진행되는 것을 의미한다. 노화로 주요 장기와 기관, 조직이 제 기능을 하지 못하면 다양한 질병이 발생하고 이로 인해 질병의 고통 속에서 오랫동안 살아가야 한다. 즉 장수할수록 건강한 삶과는 거리가 멀어진다.

인류 역사상 최초로 '모두의 수명이 늘어난 시대'에 살고 있는 지금, 60대 이상 고령층이 가장 두려워하는 질병은 과연 무엇일까? 치

### 고령층이 가장 두려워하는 질병

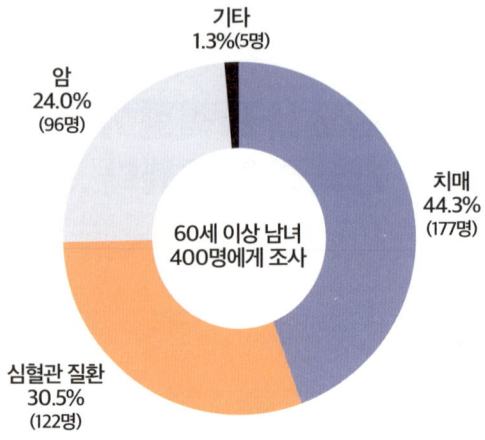

출처: 한국보건사회연구원

고령층이 가장 두려워하는 질병은 생명과 직결된 암이나 심혈관 질환이 아니라 치매로 조사됐다. 가족들에게 경제적 정신적 고통을 안겨주는 것에 대한 두려움도 있겠지만 가장 큰 이유는 '내가 나를 잃어버리는 두려움'이 가장 크지 않을까 싶다.

료 과정도 매우 고통스럽고 다른 장기로 전이도 잘 일으켜 수십 년간 사망률 1위를 차지하고 있는 '암'이 가장 피하고 싶은 질병이 아닐까? 아니면 예고 없이 순식간에 찾아와 목숨을 앗아가거나 골든타임에 처치를 받아 생명을 구해도 마비 등의 장애를 안고 살아가야 하는 뇌졸중 등 '심혈관 질환'일까?

한국보건사회연구원이 2016년 60세 이상 남녀 400명을 대상으로 가장 두려운 질병을 조사한 결과 44.3퍼센트로 가장 많은 표를 얻은 질병은 바로 '치매'다. 다른 난치병들에 비해 사망률도 낮고 물리적 고통이 심하지 않음에도 불구하고 고령층이 치매를 가장 두려워하는 이유는 무엇일까? 흔히 치매를 "신이 만든 가장 잔인한 질병", "영혼을 갉아먹는 병", "아픈 병이 아니라 슬픈 병" 등으로 부른다. 이런 수식어들은 우리가 왜 치매를 두려워하는지 간접적으로 설명해준다.

### 수명이 늘수록 환자 수가 증가하는 병

치매는 기억력, 언어 능력, 판단력, 수행 능력 등의 기능이 저하되어 일상생활에 지장을 초래하다가 결국 일상생활 기능을 상실하는 후천적 뇌인지 장애로, 인간의 수명이 늘어남에 따라 환자 숫자도 함께 증가한다고 해도 과언이 아니다.

치매의 원인은 다양한데 전체 치매 환자의 약 70퍼센트 정도가 알츠하이머병이라 불리는 노인성 치매이며 뇌졸중, 뇌경색 등 뇌의 혈액순환 장애로 인해 나타나는 혈관성 치매가 약 20퍼센트를 차지한다. 2022년 기준 치매 추정 환자는 약 100만 명인데 이 중 65세 이상이 약 93만 5,000명이다. 이는 대부분의 치매가 늘어난 수명에 따른 노화와 매우 밀접하게 관련되어 있다는 것을 보여준다.

치매를 다룬 영화나 드라마에서 평생을 함께한 배우자나 자식을 전혀 못 알아본다든지, 가족과 주변 사람들에게 존경받던 사람이 심술궂은 어린아이처럼 전혀 다른 사람으로 변하는 장면을 한 번쯤은 봤을 것이다. 그처럼 치매에 걸리면 기억력이 저하되고 언어 장애가

**신경퇴행성 질환의 성격을 상징적으로 보여주는 《사이언스》의 표지 이미지**

평생 쌓아온 기억들이 사라지는 알츠하이머 등 신경퇴행성 질병은 나뭇잎이 점점 사라져가는 아름드리나무로 자주 표현되곤 한다. 2020년 10월 2일자 《사이언스》 표지에는 신경퇴행성 질환을 상징적으로 보여준 일러스트가 실리기도 했다. QR 코드를 스캔하면 해당 표지와 관련 연구를 볼 수 있다.

발생하며 시공간에 대한 파악 능력도 떨어진다. 성격 및 감정 변화가 나타나서 가족들을 힘들게 하기도 한다. "본인은 천국, 가족은 지옥"이라는 탄식이 나오는 이유도 여기에 있다.

### 접힌 모양에 따라 성질이 달라지는 단백질

누구나 한 번쯤은 종이접기 놀이를 해봤을 것이다. 종이비행기를 만들어 멀리 날리기 시합도 하고, 개구리 모양으로 접어 멀리뛰기 게임도 하고, 종이배를 만들어 물에 띄우기도 한다. 어떤 친구들은 종이

## 정상 단백질과 잘못 접힌 단백질의 모습

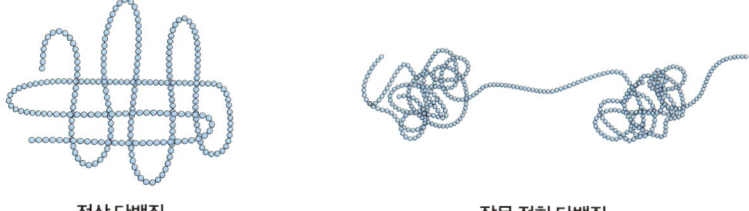

정상 단백질　　　　　　　　잘못 접힌 단백질

정상적인 단백질이 다양한 이유로 구겨져 잘못 접히면 단백질의 정상적인 기능을 상실할 뿐만 아니라 각종 질병의 원인이 되기도 한다.

학을 많이 만들어 좋아하는 이성 친구에게 주면서 자신의 마음을 전하기도 한다.

　정사각형의 평면 색종이를 어떻게 접느냐에 따라 똑같은 종이가 하늘을 날기도 하고 물 위를 둥둥 떠다니기도 하며 책상 위를 펄쩍펄쩍 뛰어다니기도 한다. 사용한 재료는 동일해도 최종 입체 구조에 따라 전혀 다른 능력을 갖게 되는 것이다. 그렇지만 잘 만들어진 종이비행기, 종이배, 종이개구리도 누군가의 발에 짓밟혀 납작해지면 더 이상 하늘을 날지도, 물에 뜨지도, 책상 위를 점프하지도 못하는 그냥 종이 뭉치가 되어버린다.

　바로 이 종이접기와 유사한 것이 단백질이다. 단백질은 아미노산이 하나씩 줄줄이 연결돼 만들어지는데 한번 만들어지고 나면 단순 선형 사슬 구조로 존재하지 않고 접힘folding을 통해 고유한 3차원의 입체 구조를 갖는다. 그리고 이렇게 만들어진 고유한 입체 구조가 그 단백질의 특정 기능을 결정한다. 반면 원래 모양과 다르게 잘못 접히거나 misfolding, 잘 만들어졌어도 스트레스 등으로 원래의 구조가 망가지거나 구겨지면 단백질은 본연의 특성을 잃어버리고 경우에 따라 독성 등 전혀 다른 특성을 보이기도 한다.

### 알츠하이머병의 주요 원인, '단백질 잘못 접힘'

대표적 치매의 하나인 알츠하이머병은 특정 단백질들이 잘못 접히면서 발생하는 것으로 알려져 있다. 신경세포 내 미세소관 microtubules의 안정화 기능을 담당하는 타우 단백질 tau protein은 스트레스 등으로 잘못 접히는 현상이 발생하면 미세소관의 기능을 방해하고 신경세포 내 물질 운반 시스템을 파괴해 세포를 사멸시킨다.

아밀로이드 베타 β-amyloid라는 단백질도 입체 구조가 바뀌면서 비정상적인 구조를 형성하면 이것들이 모여 엉켜 신경세포 외부에 침착, 신경세포 간의 신호전달을 방해하고 염증을 일으켜 신경세포 손상과 사멸을 유도한다. 이처럼 뇌 신경세포가 서서히 죽어가는 과정에서 치매라는 무서운 질병이 발병하는 것이다.

그런데 단백질의 잘못 접힘 현상은 남녀노소 모두의 몸속에서 흔하게 일어나는 현상인데 왜 유독 고령자들에게서 알츠하이머가 많이 발생하는 걸까? 그 비밀은 샤페론 chaperone이라는 단백질에 있다.

## 단백질 품질관리자 샤페론

"아파트 주차장 붕괴 사고로 ○○명 사상", "건설 현장 안전사고로 ○○명 사망", "B 항공기 제조사 동체 구멍 사고 발생" 등 사람들의 생명과 재산이 위협받은 각종 사건 사고를 보면 어김없이 '품질관리 미흡'이 주요 원인으로 지목된다. 오늘날처럼 복잡하고 고도화된 사회에서는 관리 체계가 부실해지기 쉽다. 품질관리의 중요성을 강조하는 목소리가 점점 더 고조되고 있는 것도 그 때문이다.

이와 마찬가지로 우리 몸 역시 35조 개의 세포로 구성되고 초당 약 380만 개의 세포가 새 세포로 교체되는 고도로 복잡하고 역동적인 유기체다. 인체는 건강한 생리 상태를 유지하기 위해 체내에서 만들어지는 단백질들이 유전 정보에 따라 정확한 형태로 유지되는 것이 매우 중요하다. 때문에 잘못 접히거나 구조가 변형됐을 때 이를 빠르게 해결해주는 자체 품질관리 시스템을 갖추고 있는데 이 역할을 하는 단백질들을 '샤페론'이라고 부른다.

샤페론은 단백질이 올바른 입체 구조로 접히는 것을 돕고, 변형된 단백질을 올바른 구조로 복구하는 임무를 수행한다. 그리고 복구 불가능한 단백질은 분해해 세포에서 제거하는 일도 한다. 하지만 나이가 들면서 샤페론의 기능이 저하되고, 그 결과 단백질의 품질관리가 이전처럼 원활하게 이뤄지지 않으면서 알츠하이머병 같은 질병에 걸리는 것이다.

그러면 이런 단백질의 변성이 유난히 신경퇴행성 질병으로 이어지는 주된 이유는 무엇일까? 우선 신경세포들은 한번 만들어지면 세포분열을 거의 하지 않기 때문에 단백질 변형에 따른 기능 손상이 발생해도 쉽게 새로운 세포로 교체하지 못한다. 또한 신경세포는 대사 활동이 매우 활발한 세포로, 에너지와 산소를 많이 소모하기 때문에 산화 스트레스가 높은 편이며 이런 환경이 단백질 변성을 더욱 촉진한다. 결국 이런 조건들이 복합적으로 작용해 단백질의 변성이 유난히 신경계 질환으로 잘 이어지는 결과를 초래한다.

## 관건은 건강수명이다

요즘 다양한 미디어를 통해 기대수명과 건강수명이 자주 언급되는데, 기대수명은 0세의 출생아가 앞으로 생존할 것으로 기대되는 평균 생존 연수를 뜻한다. 그리고 건강수명은 기대수명에서 질병 또는 장애를 가진 기간을 제외한 수명으로, 신체적으로나 정신적으로 특별한 이상 없이 생활하는 기간을 말한다.

과거에는 단순히 수명 연장에 관심이 있었다면 최근에는 그저 오래 살기보다 건강하게 사는 게 더 중요하다고 생각하는 경향이 크다. 통계청의 자료에 따르면 2022년 기준 한국인의 기대수명은 남자 80.5세, 여자 86.5세로 세계 최상급을 자랑한다. 그러나 건강수명을 살펴보면 남자 71.3세, 여자 74.7세로 약 10년 이상을 병상에서 보내는 것으로 조사되었다.

이에 전문가들은 건강수명을 늘리기 위해 금주와 금연, 적당한 운동과 균형 잡힌 식사를 하고 스트레스를 줄이기 위해 긍정적인 마음을 가져야 한다고 이야기한다. 늘 들어온 뻔한 조언들이지만 이 모든 행동은 우리 몸 안의 단백질들이 건강한 상태의 입체 구조를 유지하기 위한 최소한의 조건이기도 하다. 건강수명을 늘리기 위한 열쇠는 결국 내 몸에 있는 단백질들의 3차원 구조를 얼마나 잘 유지하는가에 달려 있다고 해도 과언이 아니다.

# 발냄새가 나는 병,
# 달콤한 냄새가 나는 병

**아프면 발냄새가 나는 환자**

미국의 한 대학병원에 어린아이가 입원하면서 이상한 일이 발생했다. 아이가 아프기 시작하면 발냄새가 지독하게 나다가도, 상태가 조금 좋아지면 발냄새도 사라지는 일이 반복되었던 것이다. 소변을 검사해봤더니 체내에 존재하면 안 되는 아이소발레린산isovaleric acid이 대량으로 나왔다. 아이소발레린산혈증isovaleric acidaemia이라는 희귀 질환이 처음으로 세상에 알려진 날이었다.

아이소발레린산혈증은 아미노산 류신leucine을 분해하는 효소인 아이소발레린산-CoA 탈수소효소isovaleryl-CoA dehydrogenase가 부족해서 체내에 중추신경계에 유독한 아이소발레린산이 축적되어 나타나는 질병이다.

## 아이소발레린산혈증의 발생 과정

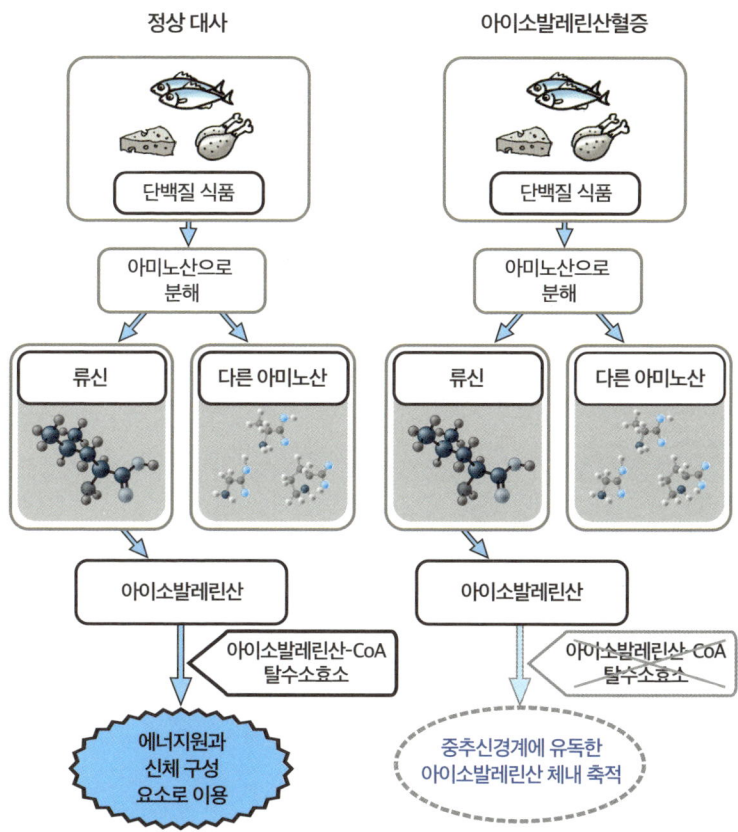

아이소발레린산혈증은 류신이 체내에서 대사되는 과정에서 생성되는 아이소발레린산이 분해되지 않고 체내에 쌓여 생기는 대사 질환이다. 유전적으로 아이소발레린산을 분해하는 아이소발레린산-CoA 탈수소효소를 만들어내지 못해 발생하는 희귀 유전 질환으로, 원인 물질인 류신의 섭취를 제한하는 방식으로 치료가 이뤄진다.

위 사례의 어린아이처럼 땀에서 발냄새가 나는 것이 가장 큰 특징이며 갑작스러운 구토, 식욕 감퇴, 항상 힘이 빠진 듯한 모습을 보이고, 경우에 따라 성장 장애와 발달 장애가 나타나며 심한 대사성 산증이 발생하면 사망하기도 한다.

이와 같이 인체 내 여러 물질들의 대사에 관여하는 효소나 조助효소가 부족하거나 고장이 나서 발생하는 질병을 대사 질환이라고 한다. 우리 몸은 아미노산이나 지방산 등을 분해해서 다양한 용도로 사용하는데 이런 역할을 하는 것이 효소나 조효소다. 그런데 선천적으로 효소나 조효소가 유전적인 문제로 정상적으로 작동하지 못하면 꼭 필요한 최종 물질이 생성되지 않거나 불필요한 물질이 중요 장기에 축적되어 지능 장애와 같은 증상을 일으킨다.

### 다양한 아미노산 대사 질환

이름은 달콤하지만 아주 치명적인 대사 질환도 있다. 운동을 좋아하는 사람이라면 한 번쯤 들어봤을 BCAAbranched chain amino acid(분지사슬아미노산)를 구성하는 세 가지 아미노산인 류신, 아이소류신isoleucine, 발린valine을 대사하는 효소가 부족해서 발생하는 '단풍시럽뇨병maple-syrup urine disease'이다.

이 병은 분지사슬 알파 케토산 탈수소효소branched-chain alpha-ketoacid dehydrogenase라는 다효소 복합체multienzyme complex가 부족해서 발생하는데, 땀과 소변, 귀지 등에서 메이플시럽 같은 달콤한 냄새가 나는 게

**아미노산 대사 질환의 종류와 증상**

| 질병 | 대사하지 못하는 아미노산 | 증상 |
|---|---|---|
| 아이소발레린산혈증 | 류신 | 발냄새, 구토, 식욕부진, 케톤증에 따른 혼수상태 |
| 단풍시럽뇨병 | 류신, 아이소류신, 발린 | 뇌부종, 뇌세포 손상에 따른 사망 |
| 호모시스틴뇨증 | 메티오닌 | 지능 장애, 시력 장애, 혈전 형성에 따른 사망 |
| 페닐케톤뇨증 | 페닐알라닌 | 신경 손상, 지능 저하, 경련 |
| 티로신혈증 | 티로신 | 빛에 민감, 성장 지연, 지적 장애 |

특징이다. 달콤한 냄새가 나는 것과는 달리 태어난 지 며칠 이내에 식이요법 등을 하지 않으면 두뇌부종과 두뇌의 혈류량 부족으로 뇌세포가 손상되어 사망할 수도 있다.

이 밖에도 아미노산 메티오닌methionine 대사 물질이 부족해서 생기는 호모시스틴뇨증, 아미노산 페닐알라닌phenylalanine 대사 물질이 없어 생기는 페닐케톤뇨증, 아미노산 티로신tyrosine의 대사에 필요한 효소가 없어 생기는 티로신혈증 등이 있다.

### 식품업계의 숨은 천사들

아미노산 대사 질환들은 유전성 질환으로, 태어나면서부터 발현

한다. 아이가 태어나면 가장 먼저 하는 것이 모유를 먹이거나 분유를 먹이는 것인데 모유나 분유 모두 단백질이 주요 성분이기 때문에 아미노산 대사 질환을 가진 아이들에게는 오히려 독이 될 수 있다. 하지만 단백질은 아미노산으로 전환되어 아이의 성장과 주요 기관의 발달을 위해 필수적인 원료로 사용되기 때문에 단백질을 섭취하지 않으면 다양한 건강상의 문제가 발생한다.

예를 들어 단풍시럽뇨병에 걸린 아동은 정상적인 성장을 위해 류신과 아이소류신, 발린을 제외한 다른 필수아미노산은 반드시 섭취해야만 한다. 하지만 그렇다고 해서 분유나 고기 등 단백질이 함유된 식품을 섭취하면 모든 아미노산을 섭취하는 꼴이 되기 때문에 건강에 문제가 발생한다.

이 문제를 해결할 방법은 대사하지 못하는 아미노산을 제외하거나 그 양을 최소화한 식품을 먹는 것인데, 개인이 이런 특수 식품을 제조하기에는 경제적으로나 기술적으로 매우 어렵다. 또한 아미노산 대사 질환 환자들의 수가 많지 않기 때문에 이들을 위해 특정 아미노산의 함량을 조절한 식품을 개발하고 판매하는 것 역시 경제성이 매우 부족하다.

그럼에도 불구하고 사회공헌 차원에서 이런 희귀한 대사 질환 환자들이 좀 더 편하게 식사할 수 있도록 돕는 기업들이 있다. 메티오닌 프리, 류신 프리, 분지사슬아미노산 프리 등 다양한 아미노산 대사 영유아 환자를 위한 분유를 만들어 공급하거나, 저단백 즉석밥을 만들어 아미노산 대사 질환을 앓는 사람들에게 제공하는 것이다. 최근 특수 분유는 국내를 넘어 중국 등 동남아 국가로 수출되어 대사 질환 환아들이 건강하게 성장하는 데 큰 역할을 하고 있다. K-팝, K-뷰티, K-드라마에 이어 K-분유, K-푸드 등이 전 세계에 진출해 또 한번 인류에 공헌할 날을 기대해본다.

# 정보 과부하 시대,
# 뇌의 급발진을 막아라

**뇌의 폭주를 막는 신경전달물질**

멀쩡하게 잘 다니던 자동차가 갑자기 굉음을 내면서 질주하기 시작한다. 당황한 운전자가 브레이크를 밟고 시동을 꺼도 차는 멈추지 않고 차량의 최고 속도까지 순식간에 가속된다. 결국 다른 차량이나 벽, 전신주 등 구조물에 부딪히고 나서야 끔찍했던 죽음의 질주가 끝이 난다.

최근 전 세계적으로 급발진 의심 사고가 급증하면서 피해자도 함께 늘어나고 있다. 급발진의 원인에 대해서는 아직 정확하게 알려진 바가 없으나 일부 전문가들은 자동차의 두뇌라고 할 수 있는 ECU<sub>electronic control unit</sub> 오류로 발생한다고 주장한다. ECU는 엔진, 자동변속기, ABS 등 브레이크를 제어하는 전자제어 장치인데, 예상치 못한 이유로 잘못된 신호를 보내거나 이물질 등으로 신호에 노이즈가 생겨 오작동 명령이 내려지는 것이다.

자동차와 같이 인간의 신경세포도 전기 신호를 통해 정보를 전달한다. 하지만 우리 몸은 자동차와 같은 급발진을 예방하고 좀 더 섬세한 조절을 위해 한 가지 안전 장치를 마련했는데 그것이 바로 신경전달물질이다. 신경세포와 신경세포 사이에 시냅스라는 공간을 만들고 전기 신호를 화학 신호로 바꿨다가 다시 전기 신호로 바꾸는 특이한 이동 절차를 마련한 것이다. 이때 화학 신호를 전달하는 물질이 신경전달물질이다. 이런 구조는 뇌에서 잘못된 전기 신호가 계속 전달될 경우 신경전달물질이 퓨즈 같은 역할을 함으로써 생명체가 폭주하는 것을 막아준다.

우리 뇌가 하는 일은 매우 다양하고 복잡하기 때문에 전달해야 하는 정보도 매우 복잡하다. 그리고 이에 맞춰 신경전달물질도 100여 개 넘게 존재한다. 각각 고유의 능력을 가지고 있으며 건강한 사람은 신경전달물질들이 서로 적당한 밸런스를 유지하고 있다. 조현병, 알츠하이머병, ADHD(주의력결핍 과잉행동 장애) 등은 이 신경전달물질이 과도하게 많거나 부족해서 뇌의 정보 신호가 잘못 전달되거나 전달되지 못해서 발생하는 질병이다.

### 신경전달물질의 균형을 맞춰라

뇌가 주로 사용하는 신경전달물질들 중 많은 것이 아미노산과 관

## 신경세포가 정보를 전달하는 과정

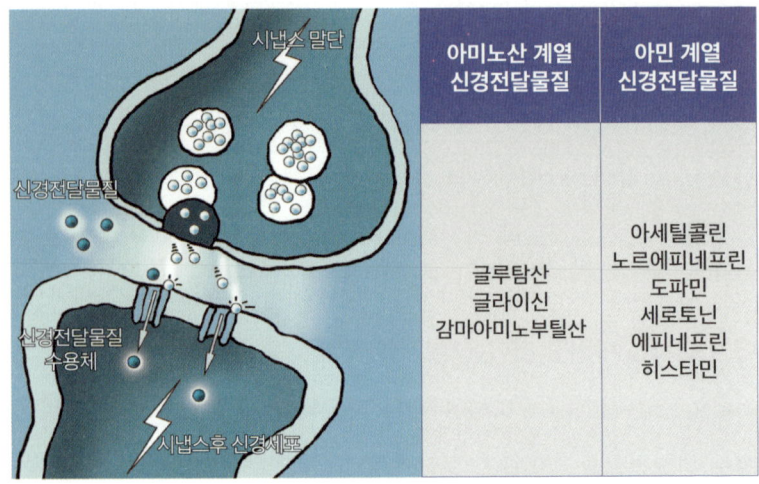

인간의 신경세포는 전기 신호를 이용해 정보를 전달하는데, 신경세포와 신경세포 사이에 시냅스라는 공간을 만들어 전기 신호를 화학 신호로 바꿨다가 다시 전기 신호로 바꾸는 복잡한 과정을 거친다. 여기서 화학 신호를 담당하는 것이 신경전달물질로, 대부분 아미노산과 아미노산에서 유래한 아민으로 이뤄져 있다. 과학자들은 시냅스 과정이 단순히 신호를 전달하는 것을 넘어 정보를 조절하고 통합하며 오류를 최소화하는 정교한 설계라고 설명한다.

련되어 있다. 우리 몸이 스스로 만들어내는 비필수아미노산인 글루탐산glutamic acid과 감마아미노부틸산gamma aminobutyric acid, GABA은 포유류의 중추신경계에서 가장 일반적으로 쓰이는 신경전달물질 중 하나다.

글루탐산은 대표적인 흥분성excitatory 전달물질로 뇌의 활동을 촉진시켜 학습에 도움을 준다. 하지만 글루타메이트(글루탐산의 이온화 상태)의 양이 지나치게 많아지면 신경세포가 과도하게 활성화되어 손상되거나 죽게 된다.

반대로 GABA는 대표적인 억제성inhibitory 전달물질로 뇌의 흥분을 가라앉혀 우리가 평온함을 느끼게 해준다. 때문에 GABA 수치가 낮아지면 스트레스, 불안, 민감성이 증가한다.

이렇듯 글루탐산과 GABA는 뇌의 흥분성과 억제성이 균형을 이루게 해서 뇌 기능이 원활하게 유지되도록 작동하는데, 재미있는 것은 GABA를 만드는 원료 역시 글루탐산이라는 것이다. 최근 연구 결과에 따르면 강박 장애 환자의 뇌를 분석한 결과 신경전달물질인 글루타메이트와 GABA의 균형이 깨져 있다는 사실을 밝혀냈다. 강박 장애 그룹에서 흥분성 신경전달물질인 글루타메이트의 수치가 현저히 높게 나타난 것이다. 이 같은 연구 결과를 바탕으로 신경전달물질을 표적으로 하는 신경 및 정신 질환 치료제 개발 연구도 활발히 이어지고 있다.

### 지금은 도파민의 시대

1954년 캐나다 맥길대학교의 제임스 올즈James Olds와 피터 밀너Peter Milner는 뇌의 보상 시스템에 대한 역사적인 실험을 진행했다. 두 과학자는 쥐의 뇌에 전극을 이식해 뇌의 특정 부위를 전기 자극할 수 있는 장치를 고안했다. 그리고 쥐가 스스로 레버를 누르면 자극이 전달되도록 설정했다.

그런데 실험을 진행하는 과정에서 생각지 않은 일이 발생했다. 측좌핵nucleus accumbens 위치에 전극을 이식한 쥐가 쉬지 않고 레버를 누르기 시작한 것이었다. 이 쥐는 먹지도, 쉬지도 않고 심지어 새끼 쥐도 돌보지 않고 탈진해 쓰러질 때까지 레버를 누르는 일을 반복했다. 측좌핵 부위를 전기 자극하자 도파민 분비가 증가했고 이를 통해 강력한 쾌감, 동기 보상이 유도된 것이다. 이는 도파민에 따른 뇌의 보상회로 개념 정립에 결정적 기여를 한 대표적 실험이었다.

최근 SNS나 각종 미디어를 통해 도파민 중독, 도파민 충전, 도파민 디톡스 등 도파민이라는 단어가 끊임없이 소비되고 있다. 빅데이터 분석 플랫폼에 따르면 2023년 12월 온라인상에서 도파민 언급량은 무려 7만 건으로 2020년 말 5,000건에 비해 30배 이상 증가한 것으로 나타났다. 흔히 "어제 개봉한 그 영화 도파민 터져!", "오늘 먹은 점심 도파민 폭발이야!", "이번 달에 나온 신곡 도파민 뿜뿜이야!" 등으로 표현된다. 이제 도파민은 '재밌다', '맛있다', '좋다'라는 뜻의 일상어로 사용될 정도이며 2025년 대한민국은 가히 도파민의 시대라고 해도 과언이 아니다.

### 뇌를 망가트리는 도파민 중독

도파민은 뇌에서 만들어지는 신경전달물질의 일종으로 치즈에서 처음 발견된 아미노산 티로신으로부터 생성된다. 도파민이 분비되면 우리는 성취감과 보상감, 쾌락의 감정을 느끼며 뇌를 각성시켜 살아갈 의욕과 흥미를 느낀다. 하지만 도파민이 분비되는 정도가 과해지면 과잉행동, 강박증, 조현병 등의 정신 이상이 나타날 수도 있다.

역사적으로 이런 도파민의 효과를 악용했던 사례도 있다. 일본의 다이닛폰제약大日本製藥은 1941년 강력한 각성 효과를 내는 신약을 출시했다. 상품명은 '노동을 사랑한다'는 뜻의 그리스어 'philoponus'에서 따왔는데 태평양 전쟁 당시 군인들의 피로를 회복시키고 전쟁 물자를 만드는 공장 노동자들의 졸음을 쫓는 약으로 쓰였다. 이 약을 먹으면 쉬지 않고 일해도 졸리지도 않고 피곤하지도 않았다.

이후 엄청난 중독 증상과 극심한 금단 현상 때문에 제조와 유통, 사용 모두 금지되었는데, 이 약이 바로 우리에게 마약으로 잘 알려진 필로폰philopon이다. 필로폰의 성분명은 메스암페타민methamphetamine으로, 우리 몸 안에 들어오면 뇌 신경세포에 작용해 도파민 농도를 비정상적으로 높인다. 그리고 일반적으로 도파민은 방출된 이후 어느 정도 시간이 지나면 다시 흡수되어 각성 등의 작용이 끝나는데, 메스암페타민은 이 재흡수 과정을 막아 도파민이 뇌에 오랫동안 남아 있게 한다. 정상적인 뇌 보상 시스템을 해킹해 결국 뇌를 망가트리는 것이다.

전통적으로 부모님들이 자녀들에게 하면 안 된다고 강조하는 각종 마약, 술, 담배, 도박, 게임 등이 체내 도파민의 분비를 과도하게 증가시키는 것으로 알려져 있었다. 하지만 최근 남녀노소를 불문하고 도파민을 폭발시키는 새로운 강자가 나타나 사회적 이슈가 되고 있다. 바로 스마트폰이다. 누구나 한 번쯤 힘든 하루 일과를 마치고 잠자기 전 스마트폰으로 숏폼 콘텐츠를 잠시 보려다가 밤을 꼬박 새운 경험이 있을 것이다. 시간 가는 줄도 모르고 각성되어 잠도 쉽게 오지 않는 상태, 바로 도파민에 뇌가 지배당하는 상황이 벌어진 것이다.

### 도파민은 죄가 없다

세계는 지금 스마트폰 중독의 늪에서 허우적거리고 있다. 짧고 강렬한 숏폼 콘텐츠가 나타나면서 이제 사람들은 두 시간이 넘는 영화는 물론 10여 분짜리 유튜브 동영상도 보지 않는다. 드라마나 예능 프로그램도 요약본이나 '짤(GIF 영상)'로 소비한다. 두 시간짜리 영화나 수십 일 동안 읽어야 하는 책은 더 이상 우리 뇌를 즐겁게 해줄 만큼 충분한 도파민을 만들어내지 못한다.

문제는 술, 담배, 마약 등은 제도적으로 사용을 제한할 수 있는데 스마트폰 숏폼 콘텐츠 등은 사회적으로 제한할 방법이 없다는 점이다. 그 결과 청소년들의 도파민 중독을 막기가 점점 더 어려워지고 있다. 이런 이유로 일부 유럽 국가에서는 어린이 스마트폰 사용을 제한하는 것을 제도적으로 검토하는 등 도파민 중독에서 벗어나기 위한 노력들이 전 세계에서 이어지고 있다.

반대로 도파민을 치료제로 사용하는 연구도 활발히 진행되고 있다. 최근 연구 결과에 따르면 알츠하이머병에 걸린 쥐에 도파민이 만들어지기 전 단계 물질인 레보도파levodopa를 투여하자 인지 능력이 향상되는 등 병증이 감소하는 것으로 나타났다. 아직 뚜렷한 치료제가 없는 알츠하이머병의 치료 가능성을 확인한 것이다. 도파민이 긍정적으로 활용될 수 있음을 보여주는 예다.

'도파밍'이라는 신조어가 있다. 도파민과 파밍farming(농사)의 합성어로 재미와 자극적인 경험을 모으기 위해 적극적으로 찾아다니는 것을 뜻하는 말이다. 하지만 사실 도파민은 나쁜 신경전달물질이 아니다. 다만 노력 없이 얻고 중독에 빠지는 것이 문제일 뿐이다. 스스로 노력해서 작은 성취를 얻어내는 일을 조금씩 꾸준히 하다 보면 도파민 중독에서도 벗어날 수 있다. 친구들과의 팀 활동, 자기 자신을 위해 요리하기, 매일 건강한 습관 한 가지씩 실천하기 등은 도파민을 적절히 분비하는 건강한 활동이다. 작지만 꾸준한 성취를 통해 모두가 건강하고 지속 가능한 행복을 맛보길 바란다.

# 오래 살고 싶다면
# 근육을 지켜라

### 행복한 노후의 조건

"근육은 연금보다 강하다." 최근 전 세계 노인들 사이에서 유행하는 말이다. 대체 무슨 말인가 싶겠지만 행복한 노후를 위해서는 자산보다 근육이 중요하다는 의미다. 젊은 사람들은 '돈보다 근육이 왜 중요하다는 거지?'라며 의아해할 수도 있다. 하지만 노인들에게는 무엇보다 절실한 것이 근육이다.

과학기술의 발달로 100세 시대를 앞두고 있는 지금, 수명이 늘어남에 따라 사람들의 고민도 함께 늘어나고 있다. 그중 하나가 '어떻게 하면 건강한 노후를 영위할 수 있을까?'다. 신체가 노쇠해 거동하지 못하거나 질병으로 고통 속에서 살 수도 있기 때문이다. 그런 삶을 오래 사느니 차라리 건강하고 짧게 사는 게 낫다고 생각할 수도 있다.

## 노화에 따른 근육량 감소와 근감소증에 따른 생존율 차이

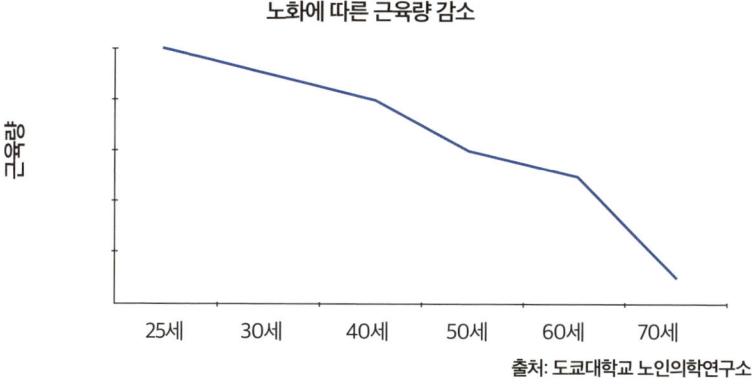

출처: 도쿄대학교 노인의학연구소

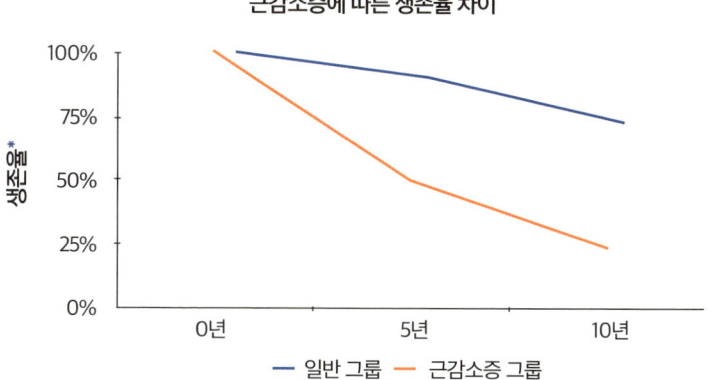

* 생존율은 특정 시점에 그룹 내에서 생존한 사람의 비율(70세 이상 노인 1,705명을 대상)

출처: 《미국 병원장협회 저널》

근육을 관리하지 않으면 30세부터 근육량이 감소하기 시작해 50세 이후 매년 1~2퍼센트의 근육이 손실된다. 70대가 되면 허벅지 등 주요 근육의 40퍼센트 이상이 줄어든다(위). 70세 이상 노인을 대상으로 생존율을 추적 조사한 결과 근감소증 그룹의 생존율이 일반 그룹보다 낮고 그 폭이 점점 커지는 것으로 나타났다(아래).

얼마 전까지만 해도 나이가 들어 팔다리가 가늘어지는 것을 당연한 노화 현상이라고 생각했다. 하지만 과학자들은 최근 근육이 줄어드는 근감소증을 사코페니아sarcopenia라는 '질병'으로 분류하기 시작했다. 사코sarco는 '근육', 페니아penia는 '부족'을 뜻한다.

미국 질병통제예방센터CDC는 2016년 사코페니아에 'M62.84'라는 질병 코드를 부여했다. 일본은 2018년, 우리나라는 2021년 질병 코드를 각각 등록했다. 나이가 들면서 근육이 감소하는 것을 노화에 따른 자연스러운 '현상'이 아니라 치매나 골다공증과 같은 '질환'으로 국가에서 규정하고 관리하겠다는 것이다.

### 각종 질병의 원인, 근감소증

우리 몸은 약 600개의 근육으로 이뤄져 있으며 체중의 약 40퍼센트를 차지한다. 근육 대부분은 몸을 움직이는 데 사용되는데, 30세부터 근육량이 조금씩 감소하기 시작한다. 50세부터는 매년 1~2퍼센트의 근육 손실이 발생하며 70대가 되면 절반 수준으로 감소한다.

근육량이 감소하면 평소에 해오던 자유로운 활동이 어려워지고 낙상 같은 사고 확률도 커진다. 삶의 질이 급격히 나빠지는 것이다. 여기서 끝나는 게 아니다. 최근 연구 결과에 따르면 근육량이 줄면 당뇨병 발생 위험이 두 배 이상 커지고 심혈관 질환의 위험도 76퍼센트나 증가했다. 근감소증은 신장이식 후 사망률을 최대 2.4배 높이며, 고관절 골절 환자의 사망률도 일반 환자에 비해 최대 두 배 높았다.

근감소증이 노인들의 사망 위험도 3.7배 높인다는 연구 결과도 있다. 게다가 이 질병은 노인들만의 문제가 아니다. 최근에는 젊은 근감소증 환자도 증가하는 추세다. 젊은 여성들의 경우 극단적인 다이어트로 근감소증이 발병하기도 한다. 또한 불규칙적인 생활과 영양 불균형으로 당뇨 고혈압 등 만성 질환에 노출된 젊은 남성에게도 근감소증이 쉽게 나타난다.

그러면 근감소증을 치료하는 방법은 무엇일까? 글로벌 제약기업들이 빠르게 치료제 개발을 위해 노력하고 있지만 아직까지 전 세계적으로 근감소증 치료제는 없는 상태다. 현재로서는 예방이 최고의 치료라고 과학자들은 이야기한다. 그리고 양질의 단백질을 충분히 섭취하는 것이 무엇보다 중요한 예방법이라고 강조한다.

### 건강한 노후를 위해 단백질을 섭취하라

고기나 콩, 우유 등 단백질 식품을 섭취하면 몸 안에서 분해되면서 근육의 원료가 되는 다양한 아미노산이 만들어진다. 특히 류신이라는 필수아미노산이 중요한 역할을 한다. 우리 몸에는 LARS1leucyl-tRNA synthetase 1이라는 단백질 합성 효소가 있는데 몸속 류신의 농도를 감지해서 근육을 만드는 단백질 합성을 지시한다. 즉 류신은 근육 단백질을 합성하는 레고 블록이자 근육 생성 과정을 활성화하는 신경전달물질로도 작용한다고 볼 수 있다.

근감소증을 예방하려면 단백질을 얼마나 먹어야 하는 걸까? 과학

### 근육이 형성되는 과정

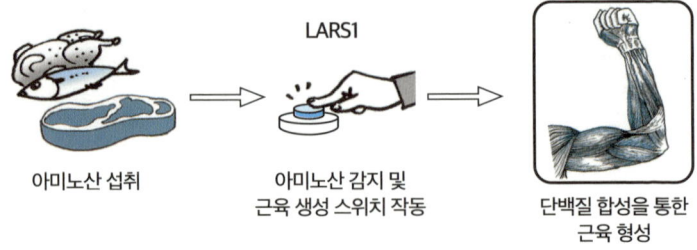

단백질 합성 효소 LARS1은 체내 아미노산 류신의 농도를 감지해 근육을 만드는 단백질 합성을 지시하는 것으로 밝혀졌다. 류신은 근육을 만드는 원료이자 근육 합성을 시작하는 지표로도 역할을 하는 것이다.

자들은 몸무게를 기준으로 매일 킬로그램당 1그램 정도의 단백질을 섭취해야 한다고 조언한다. 체중이 60킬로그램이라면 단백질 60그램을 매일 섭취해야 하는 것이다. 특히 BCAA인 류신과 발린, 아이소류신은 근육 생성 스위치를 켜는 역할을 하며 근육 구성 성분의 35퍼센트를 차지하기 때문에 고기, 달걀, 유제품 등 고단백 식품이나 보충제를 통해 필수로 섭취해야 한다.

우리 몸에서는 하루에 약 300그램의 단백질이 분해되고 새롭게 합성된다. 이때 단백질이 부족하면 우리 몸은 근육 속 단백질을 분해해 사용하게 된다. 운동으로 근육을 만드는 것도 중요하지만 단백질을 섭취해 근육의 재료를 제공하고 근손실을 막는 것도 중요하다. 노년까지 건강히 살고 싶다면 무엇보다 근육을 사수하자. 연금보다 근육이다.

# 빈혈과 말라리아 사이의 관계

### 생존에 더 유리한 사람은?

키도 크고 근육질의 매우 건강한 사람과 어려서부터 앓은 심한 빈혈로 키도 작고 몸도 약한 사람이 있다. 둘 중에 누가 생존에 더 유리할까? 일반적으로 건강한 사람이 면역력이 좋아 각종 질병에도 잘 걸리지 않고, 외상을 입어도 회복이 빠르고 물리적인 외부 충격에도 강해 생존하는 데 더 유리할 것 같다. 지나가는 삼척동자도 알 만한 너무나도 뻔한 질문이지만, 만일 대한민국이 아닌 지구의 다른 곳에서 그와 같은 질문을 한다면 전혀 다른 답이 우리를 기다린다.

### 빈혈 환자가 생존에 더 유리한 아프리카

겸상적혈구빈혈증sickle-cell anemia이라는 병이 있다. '낫 모양 적혈

### 적혈구의 모양을 변화시키는 발린

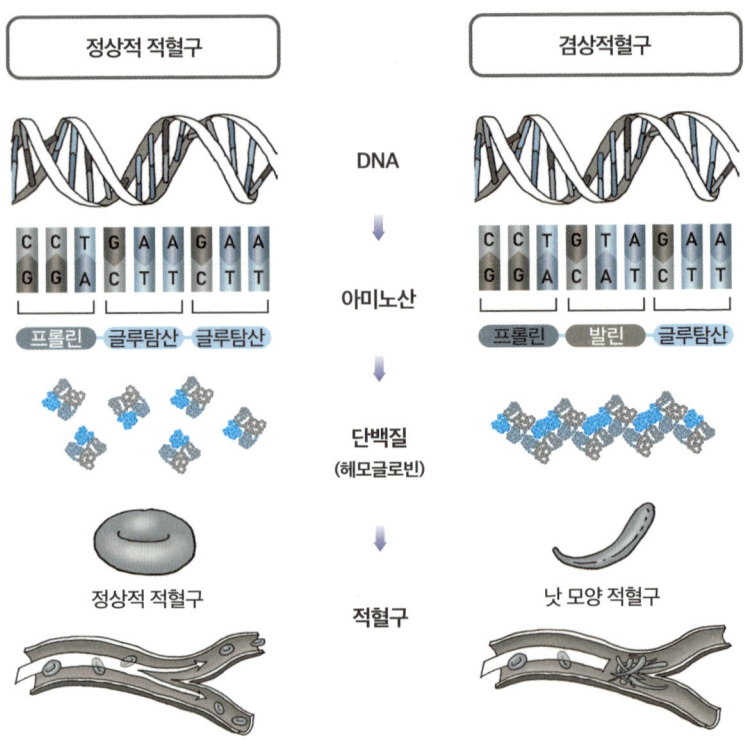

유전자 이상으로 적혈구의 글루탐산 자리에 발린이 들어가면 비정상적인 헤모글로빈이 만들어진다. 이것이 뭉치면 원반 모양이 아니라 낫 모양처럼 휘어진 상태의 적혈구가 생성된다. 이로 인해 혈액의 흐름이 방해받고 적혈구의 수명이 짧아져 빈혈, 황달, 통증, 발작 등 다양한 증상이 나타난다.

구 빈혈증'이라고 부르기도 하는데, 유전자의 염기가 하나 바뀌어 산소를 운반하는 적혈구의 모양이 원반처럼 동그랗지 않고 낫 모양으로 찌그러져 산소 운반 능력이 현저히 떨어지는 유전병이다.

여기서 적혈구의 모양을 극단적으로 변화시킨 것은 '발린'이라는 단 하나의 아미노산이다. 정상적인 적혈구는 '프롤린proline-글루탐산-글루탐산'의 순서로 되어 있다. 그런데 유전자 이상으로 가운데 글루탐산이 발린으로 바뀌면서 '프롤린-발린-글루탐산' 순으로 아미노산들이 연결되고 비정상적인 헤모글로빈이 만들어진다. 그리고 이것들이 뭉치면서 정상적인 원반 모양이 아닌 낫 모양의 적혈구가 생성되는 것이다.

단순히 적혈구의 외형만 바뀐 것처럼 보이지만 이에 따른 건강상 폐해는 심각하다. 낫 모양의 적혈구는 쉽게 서로 뭉치는 성향을 띠는데, 그 결과 혈전을 형성해 모세혈관 등 혈관을 막는다. 이에 손가락이나 발가락 등에 문제를 일으키고 비장이나 신장도 손상시키며, 뇌졸중 및 심부전이 발생하기 쉽다.

심지어 태반으로 혈액이 잘 공급되지 않아서 임신도 어렵다. 소아의 경우 성장도 느리고 키도 작으며 조금만 움직여도 숨이 차고 폐렴에도 잘 걸린다. 통계에 따르면 겸상적혈구빈혈증이 있는 어린이는 스무 살이 되기 전에 10명 중 한 명이 사망하는 것으로 나타난다.

이처럼 매우 치명적인 질병임에도 불구하고 오늘날 아프리카계 미국인 신생아 365명 중 한 명이 이 질병을 가지고 태어난다. 2018년 출판된 한 논문에 따르면 아프리카 지역에서 겸상적혈구 형질을 지닌 사람의 유병률은 인구 10만 명당 1만 6,121명으로, 유럽의 803명보다 약 20배 높은 것으로 나타났다.

일반적인 기준에서 생존에 불리한 형질을 가진 사람들이 유독 아프리카에서 높은 비율로 존재하는 이유는 무엇일까? 우연이라고 하기엔 너무 이상한 현상이라고 할 수 있다. 많은 과학자가 그 원인을 찾기 위해 연구를 진행했고 겸상적혈구 형질의 지리적 분포가 말라리아의 지리적 분포와 일치한다는 것을 알아냈다.

### 낫 모양의 적혈구와 말라리아의 관계

말라리아는 모기를 매개로 하는 기생충 질환이다. 한 연구에 따르면 지구에 태어난 누적 인류 개체수의 0.3퍼센트가량인 약 30억 명이 말라리아로 사망한 것으로 추측된다. 게다가 21세기인 지금도 말라리아는 여전히 현재 진행형이다.

2021년 기준 전 세계 말라리아 환자는 2억 4,700만 명이 발생했으며 아프리카 지역에서 전 세계 말라리아의 95퍼센트가 발생했다. 사망자는 61만 9,000명으로 역시 아프리카에서 가장 많이 발생했다. 우리나라에서는 '학질瘧疾'이라는 이름으로 불렸다. 정말 괴롭고 고통스러운 상황에서 벗어날 때 쓰는 "학을 떼다"란 표현의 '학'이 바로 학질의 학이다.

학질, 즉 말라리아의 감염 과정을 살펴보면 모기로 인간에게 전염된 말라리아 기생충은 일정 기간 적혈구 안에 들어가 번식한 후 적혈구를 파열시키고 나오면서 오한과 발열을 일으킨다. 그런데 흥미롭게도 앞서 살펴본 겸상적혈구는 낫 모양이기 때문에 말라리아 기생충에

감염되기 전에 파열되어 기생충 번식을 막아 증세를 완화시킨다. 빈혈과 혈전, 심할 경우 뇌졸중, 심부전까지 일으키는 겸상적혈구가 아프리카 사람들에게는 말라리아로부터 생명을 보호하는 방패였던 것이다.

겸상적혈구빈혈증 치료제는 지금까지 없었다. 하지만 최근 미국과 유럽 등의 바이오 회사들이 겸상적혈구빈혈증 환자의 몸에서 혈액 줄기세포를 추출, 유전자 가위로 문제의 유전자를 제거한 후 다시 환자의 몸에 주입하는 방식의 근본적인 치료법 개발에 나섰다. 그 결과 2024년 5월 미국에 거주하는 10대 청소년 환자에게 겸상적혈구빈혈증 유전자 치료법이 최초로 시술됐다.

유전자 치료는 한 번의 치료로 평생 영구적인 효과를 기대할 수 있다는 장점이 있지만 변형된 유전자가 재이식되고 환자가 완전히 회복되기까지는 수개월이 걸린다. 게다가 40억 원이 넘는 비싼 비용도 걸림돌로 지적된다. 인간 유전체의 변화 가능성 등 윤리적 문제도 있다. 이 같은 현실을 극복하기 위해서는 사회적 논의와 합의가 절대적으로 필요한 상황이다.

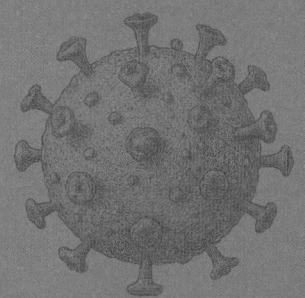

3장

# 음식에 담긴 단백질의 과학

THE
PROTEIN
REVOLUTION

# 감칠맛에 숨겨진 비밀

**다섯 번째 맛의 발견**

매년 추운 겨울이 되면 따뜻한 국물 요리, 무더운 여름이 오면 시원한 냉면 육수가 절로 생각이 난다. 또 비가 오면 부침개에 막걸리 한잔이 간절해진다. 그런데 누군가가 어떤 맛 때문에 그 음식이 생각나는지 물어오면 맛을 구체적으로 설명하기가 어렵다. 달고, 짜고, 시고, 쓴맛이 아닌 그 어떤 맛 때문인데 정확하게 표현하기가 어렵다. 그냥 자꾸 생각나는 맛, 중독성 있는 맛, 끌리는 맛, 입에 착 달라붙는 맛 정도가 그나마 가장 정확한 표현이 아닐까 싶다. 이렇듯 형용할 수 없는 맛, 우리는 이 맛을 다섯 번째 맛 '감칠맛'이라고 부른다.

일본의 화학자인 이케다 기쿠나에池田菊苗 교수는 부인이 끓여준 다시마 국물 요리를 먹으며 이 '자꾸만 당기는 맛'에 대해 궁금증이 생

겼다. 지금까지 알려진, 혀가 느끼는 네 가지 맛으로 설명할 수 없는 다른 맛이었기 때문이다. 연구 끝에 그는 1908년 다시마 국물에서 아미노산의 하나인 글루탐산을 추출해냈다. 그리고 이를 일본어로 '맛있다'를 뜻하는 '우마이うまい'와 맛을 뜻하는 '미味'를 합쳐 '우마미うま味, umami'라고 명명했다.

### 뱃속에서부터 맛본 글루탐산

글루탐산은 단백질을 구성하는 20개 아미노산 중 하나로 식물성 단백질에 많이 함유되어 있다. 곡물을 발효하거나 과일을 건조, 숙성시키면 증가한다. 우리 조상들은 이 아미노산의 존재를 알지 못했지만 경험을 통해 말린 버섯이나 다시마를 국물 내는 재료로 사용하거나 콩을 발효시켜 간장, 된장, 청국장 등을 만들어 감칠맛을 만들어냈다. 쌀을 발효시켜 만드는 막걸리가 입에 착 달라붙는 맛을 내는 것도 글루탐산의 힘이다. 서양에서는 치즈를 만들거나 토마토를 숙성시키는 방법으로 글루탐산을 만들어왔다.

그런데 왜 인간은 정확하게 설명할 수 없는 이 감칠맛에 끌리는 것일까? 그 비밀은 우리가 이 감칠맛을 아주 어릴 적부터, 이미 엄마 뱃속에 있을 때부터 맛보았기 때문이다. 연구에 따르면 태아가 40주 동안 생활하는 양수에서 글루탐산의 음이온 상태인 글루타메이트가 가장 높은 농도로 검출된다. 이처럼 우리는 태어나기 전부터 감칠맛을 경험한다. 뿐만 아니라 아기가 태어나면 가장 먼저 먹기 시작하는

## 모유에 가장 많이 들어 있는 아미노산

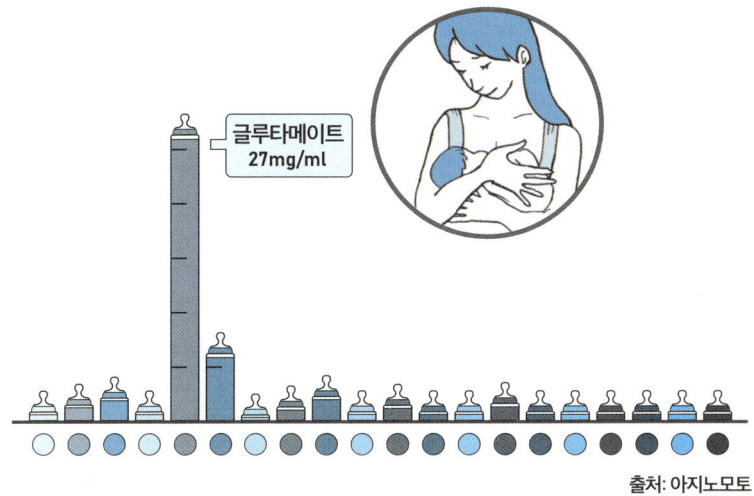

출처: 아지노모토

모유가 신생아에게 가장 이상적인 음식이라는 것은 동서고금을 막론하고 모두가 동의하는 진리일 것이다. 모유에는 다양한 영양소와 함께 여러 아미노산이 풍부하게 들어 있는데 이 중 글루탐산의 음이온 상태인 글루타메이트는 농도가 44.17퍼센트로 가장 높게 나타난다.

모유에는 아기의 건강한 성장을 위해 다양한 아미노산이 풍부하게 들어 있는데, 이 중 글루타메이트가 44.17퍼센트로 가장 높은 농도로 포함되어 있다.

하지만 감칠맛이 과학적 관점에서 실질적인 맛으로 인정받는 데는 꽤 오랜 시간이 걸렸다. 글루탐산을 발견한 지 무려 100여 년이나 지난 2000년이 되어서야 미국 마이애미대학교의 연구원들이 사람의 혀에서 감칠맛을 느끼는 글루탐산 수용체를 찾았다고 발표하면서 결국 다섯 번째 맛으로 인정받게 되었다.

오늘날 우리는 글루탐산을 쉽게 접할 수 있다. 모든 집의 주방에서, 식당에서, 각종 식품에서 글루탐산을 만날 수 있다. 음식을 만들 때 흔히 마법의 가루라고 불리는 MSG monosodium glutamate의 주성분이 글루탐산이기 때문이다. 글루탐산은 분자가 매우 불안하고 물에 잘 녹지 않는 특성이 있는데, 이런 글루탐산에 나트륨을 결합시켜 안정적인 상태로 만들고 수용성을 높인 것이 바로 글루탐산나트륨, MSG다. 이것이 우리가 흔히 아는 미원, 다시다 등 감미료 제품들의 주요 원료가 된다.

우리나라에서는 MSG가 화학조미료여서 건강에 나쁘다는 오해가 있어왔다. 하지만 글루탐산은 다시마, 표고, 콩 등에 풍부하게 들어 있는 안전한 물질이다. 오히려 MSG 사용이 나트륨 사용을 줄이는 데 도움이 되기 때문에 적당한 사용이 권장되기도 한다.

# 사람을 홀리는 향기의 정체

**불을 쓰면 음식이 맛있어지는 이유**

길을 걷다 빵 굽는 구수한 냄새에 나도 모르게 가던 길을 멈추고 주변을 둘러본 적이 있는가? 오랜만에 친구들을 만나서 뭘 먹을까 고민하는데 어디선가 바람을 타고 풍겨오는 고기 굽는 냄새에 만장일치로 "오늘 메뉴는 고기로 하자"고 의기투합한 적은? 아마 누구나 한 번쯤은 사랑하는 연인과 레스토랑에 가서 노릇노릇하게 잘 익은 스테이크와 골드브라운 빛깔로 적당하게 구워진 빵을 먹고, 고소하면서 과일 향이 살짝 나는 커피로 마무리하는 상상을 해본 적이 있을 것이다. 상상만으로도 최고의 식사가 아닐까 싶다.

그런데 원래는 붉은색이었던 소고기와 하얀색 밀가루, 연두색 커피콩이 불을 만나 갈색으로 변하면서 우리가 좋아하는 향과 맛을 내는 것에는 어떤 공통점이 있을까? 인류학자들은 인류가 처음 불을 사용한 시기를 약 80만 년 전 정도로 본다. 인류는 불을 사용하면서 극심한 추위를 이겨낼 수 있었고 맹수들로부터 몸을 보호할 수 있었다. 그리고 그냥 먹으면 소화가 어려운 각종 곡물(밀, 쌀, 감자 등)도 먹을 수 있었다. 심지어 죽은 동물도 구워 먹는 등 화식火食을 통해 먹거리의 엄청난 확장이 이뤄졌다.

화식은 당시 조상들이 예상치 못한 결과를 도출했다. 불로 음식을 익혀 먹으면서 날것으로 먹을 때보다 소화 시간이 10분의 1로 줄어들었기 때문이다. 이렇게 소화에 드는 시간이 줄어들면서 절약된 에너지가 뇌로 공급되었고, 이것이 인류 문명의 비약적인 발전에 기여했다고 일부 인류학자들은 분석한다.

인류에 지대한 영향을 미친 화식에 대한 과학적인 해석은 1912년이 되어서야 나왔다. 프랑스 과학자 루이 카미유 마이야르Louis Camille Maillard는 체내 단백질 합성을 연구하다가 아미노산과 당을 고온에서 반응시키자 갈색 물질이 형성되는 것을 발견했다. 이후 과학자들은 고기나 밀가루, 커피 등을 불에 익히면 식품 재료가 가지고 있는 아미노산과 당이 반응해 갈색으로 변화하면서 다양한 향이 발생하고 소화하기 쉬운 형태로 분해된다는 것을 알아냈다.

이것이 바로 수많은 요리 서바이벌 프로그램에서 셰프들이 맛있는 음식을 만들기 위한 방법으로 자주 이야기하곤 하는 '마이야르 반응Maillard reaction'이다.

### 마이야르 반응이 일어나는 원리

단백질과 당은 열에 반응해 갈색으로 변하는데 이 과정에서 맛과 향이 새롭게 만들어지는 현상을 마이야르 반응이라고 한다. 대표적으로 식빵 테두리, 구운 고기, 볶은 커피 등을 들 수 있다.

## 아미노산과 당이 열을 만나면 새로운 향기가 만들어진다

재미있는 것은 어떤 아미노산이 당과 만나느냐에 따라 그 향과 풍미가 달라진다는 것이다. 단백질 속 아미노산과 당은 열에 반응해 색과 향을 만드는데, 아미노산 종류에 따라 캐러멜 향, 고기 향, 꽃향기, 과일 향, 맥아 향 등이 난다. 예를 들어 류신과 당이 결합하면 캐러멜 향을 내며, 알라닌alanine과 당이 결합하면 과일 향이 난다. 시스테인cysteine은 우리 모두가 사랑하는 고기 향의 근원이며 프롤린과 당이 만나면 꽃향기가 만들어진다.

동서양을 통틀어 현대인이 가장 많이 먹는 음식 중 하나인 커피도 연두색 원두를 로스팅하는 과정에서 수많은 화학 반응이 일어난다.

**아미노산과 당이 열에 반응했을 때 나타나는 색상과 향기 특성**

| 아미노산 | 색상 | 향기 특성 |
|---|---|---|
| 알라닌 | 갈색 | 기분 좋은 단 향, 과일 향(치쿠, 대추), 캐러멜 향, 약간 탄 향 |
| 아르기닌 | 갈색 | 캐러멜 향, 탄 향, 약간 달콤한 향, 기분 좋은 향 |
| 아스파르트산 | 갈색 | 기분 좋은 단 향, 과일 향(치쿠, 대추), 캐러멜 향 |
| 시스테인 | 진한 갈색 | 유황 향, 고기 향 |
| 글루탐산 | 갈색 | 기분 좋은 단 향, 캐러멜 향, 탄 향 |
| 글라이신 | 갈색 | 기분 좋은 단 향, 캐러멜 향, 탄 향 |
| 히스티딘 | 갈색 | 캐러멜 향, 탄 향 |
| 아이소류신 | 갈색 | 탄 향, 커피 향, 자두 향 |
| 류신 | 갈색 | 탄 향, 커피 향, 캐러멜 향, 맥아 향 |
| 라이신 | 갈색 | 기분 좋은 단 향, 종이 향, 허브차 향 |
| 메티오닌 | 갈색 | 고기 향, 유황 향, 감자튀김 향 |
| 트레오닌 | 갈색 | 기분 좋은 단 향, 과일 향(치쿠, 대추), 꽃향기, 캐러멜 향 |
| 세린 | 갈색 | 약간 탄 향, 기분 좋은 단 향 |
| 프롤린 | 갈색 | 꽃향기, 기분 좋은 단 향, 판단 향, 약간 알칼리성 향 |
| 페닐알라닌 | 갈색 | 꽃향기(장미) |
| 티로신 | 갈색 | 기분 좋은 단 향, 캐러멜 향, 탄 향 |
| 발린 | 갈색 | 기분 좋은 단 향, 캐러멜 향, 탄 향, 맥아 향 |

출처: 《국제 식품과학기술 저널》

이때 색의 변화와 다양한 향기 생성에 가장 큰 영향을 미치는 것이 바로 마이야르 반응이다. 열로 색이 변화하면서 냄새가 구수한 토스트나 팝콘, 과일, 초콜릿 향으로 변해 우리가 쓰디쓴 커피를 맛있게 즐길 수 있도록 해준다. 열을 가하지 않은 생원두에는 존재하지 않는 향이 만들어진 것이다.

일반적으로 마이야르 반응은 가열을 통해 단시간에 진행되는 것이 특징이지만 상온에서 천천히 진행되는 경우도 있다. 콩과 소금물로 만드는 우리나라 전통 식품인 간장, 된장이 왜 진한 갈색을 띨까 궁금한 적이 있을 것이다. 이는 바로 간장과 된장이 상온에서 천천히 진행되는 대표적인 마이야르 반응의 결과물이기 때문이다.

어디선가 맛있는 냄새가 난다면 '아미노산이 반응하고 있구나'라고 생각하면 틀리지 않다. 요리할 때 마이야르 반응과 자주 혼동되는 현상이 있는데 바로 캐러멜화caramelize다. 캐러멜화는 아미노산 없이 당분만 있는 상태에서 열이 가해져 일어나는 갈변 현상이다. 넷플릭스 드라마 〈오징어 게임〉에 나와 전 세계적으로 유명해진 달고나가 바로 이 갈변 현상의 결과물이다.

# 설탕보다
# 200배 달콤한 슈퍼 감미료

### 제로의 시대

2025년은 '제로zero의 시대'라고 해도 과언이 아니다. 대형 마트나 동네 편의점 식품 코너에 가장 많이 눈에 띄는 글자가 '제로'다. 음료는 기본이고 최근에는 과자, 껌, 사탕, 젤리 등에도 제로가 붙어 있다. 이것들은 설탕이 들어 있지 않다는 제로 슈거zero sugar 식품들이다. 인터넷에는 패스트푸드점에서 치즈와 패티가 잔뜩 들어간 햄버거에 기름에 튀긴 감자튀김을 주문하면서 음료는 제로 콜라를 주문하는 '제로슈머zerosumer(zero+consumer)'를 희화화하는 밈도 돌아다닌다.

그렇다면 이 제로 슈거 식품들은 설탕이 안 들어갔는데 어떻게 단맛을 내는 것일까? 설탕이 당뇨, 비만의 주요 원인 중 하나로 주목받으면서 설탕을 대신할, 안전하면서도 달콤한 맛이 나는 식재료를 찾으려는 노력들이 계속되어왔다. 그리고 그 결과물 중 하나가 아스파탐aspartame이라는 인공감미료다.

## 콜라와 막걸리부터 의약품까지

아스파탐은 1965년 미국 G. D. 설 & 컴퍼니G. D. Searle & Company에서 위궤양 치료제를 개발하던 제임스 M. 슐래터James M. Schlatter라는 화학자가 다양한 물질을 합성하는 과정에서 우연히 만들어졌다. 슐래터는 아스파탐 구조식을 갖는 물질을 재결정하다 우연히 손에 가루가 묻었는데, 종이를 넘기기 위해 손가락에 침을 묻히던 중 강한 단맛을 느껴 이를 인공감미료로 개발하게 된 것이다.

아스파탐의 열량은 1그램당 4킬로칼로리로 설탕과 동일하지만 단맛은 설탕의 200배에 이른다. 때문에 극미량만 사용해도 설탕과 동일한 단맛을 끌어낼 수 있다. 혀에서 단맛을 느낄 뿐 성분 자체가 당분

### 아스파탐과 설탕의 비교

아스파탐의 단맛은 설탕의 200배에 이른다. 그래서 설탕의 200분의 1만 넣어도 같은 단맛을 낼 수 있다.

## 아스파탐으로 단맛을 내는 막걸리

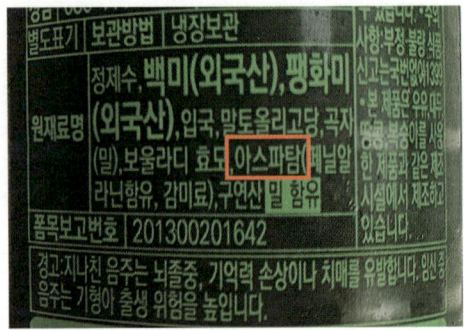

아스파탐은 다양한 가공품에 단맛을 내기 위해 사용된다. 그중 하나가 막걸리다. 설탕을 넣으면 발효되면서 가스가 발생하기 때문에 아스파탐을 이용해 단맛을 내기도 한다.

이 아니기 때문에 몸에서 혈당을 조절하기 위한 인슐린이 분비될 이유가 없다. 때문에 당뇨병 환자도 당뇨 걱정 없이 단맛을 즐길 수 있다. 또 인공감미료이기 때문에 보관 과정에서 변질될 우려도 없다.

이런 장점 때문에 제로 열풍 이전부터 아스파탐은 이미 다양한 제품에 사용되어왔다. 가장 많이 사용된 곳은 소주, 청주, 막걸리 등 각종 주류였는데 특히 비살균 탁주의 경우 설탕을 사용하면 탁주 안에 효모들이 당을 분해해서 가스를 발생시키기 때문에 이를 방지하기 위해 아스파탐을 사용했다.

이제는 입에 쓴 약이 몸에 좋다는 고사성어도 바뀌어야 할 것 같다. 의약품에도 단맛을 내기 위해 아스파탐을 사용한다. 국내 판매 허가 받은 의약품 중 아스파탐이 함유된 제품은 총 692품목(2023년 7월 기준)에 이른다.

### 두 개의 아미노산이 슈퍼 감미료를 만들다

하지만 아스파탐이 장점만 있는 것은 아니다. 일단 열을 가하면 단맛을 잃어버린다. 그래서 빵 등 섭씨 160도 이상으로 열을 가하는 조리 과정이 필요한 식품에는 사용하기 어렵다. 또 페닐케톤뇨증 환자가 먹으면 위험해질 수 있다.

열을 가하면 단맛이 없어지고 대사 장애가 있는 사람이 먹으면 안 된다? 매우 의아하겠지만 이유는 매우 단순하다. 아스파탐이 아미노산인 페닐알라닌과 아스파르트산aspartic acid의 중합된 구조로 만들어졌기 때문이다. 아스파탐을 구성하는 두 개의 아미노산은 각각 특유의 맛을 가지고 있는데 페닐알라닌은 약한 쓴맛, 아스파르트산은 약한 신맛을 낸다. 하지만 흥미롭게도 이 두 아미노산을 결합하면 강한 단맛을 내는 물질이 된다.

이렇게 두 개의 아미노산이 간단한 구조로 결합되어 있기 때문에 아스파탐에 열을 가하면 페닐알라닌과 아스파르트산으로 각각 분해되면서 단맛을 잃고, 여기서 생성된 페닐알라닌 때문에 페닐케톤뇨증 환자에게는 위험한 성분이 된다(2장 '발냄새가 나는 병, 달콤한 향기가 나는 병' 참고). 하지만 아미노산 두 개로 이뤄져 있기 때문에 혈당과는 무관하며 충치를 유발하는 세균인 스트렙토코쿠스 뮤탄스Streptococcus mutans가 에너지원으로 사용하지 못해 충치 예방에도 활용된다.

2023년 7월 세계보건기구 산하 국제암연구소IARC는 아스파탐을 발암가능물질 2B군(인체 자료가 제한적이고 동물 실험 자료도 충분하지 않은 경우. 피클과 같은 채소 절임류와 전자파가 대표적)으로 분류했다. 1일 섭취 허용량은 킬로그램당 40밀리그램으로 설정했는데 성인(60킬로그램 기준)의 경우 아스파탐이 함유된 250밀리리터 제로 콜라는 하루 55캔, 아스파탐이 함유된 750밀리리터 탁주는 하루 33병을 섭취해야 1일 섭취 허용량에 도달하게 된다.

 한편 식품의약품안전처는 우리나라 국민의 1일 기준 아스파탐 평균 섭취량은 섭취 허용량 대비 약 0.12퍼센트이며 아스파탐이 함유된 식품을 선호하는 국민(극단섭취자)의 섭취량도 약 3.31퍼센트 수준이라고 발표했다. 이어서 현재의 아스파탐 섭취 수준에서는 안전성에 우려가 없기 때문에 앞으로도 아스파탐은 계속 사용할 수 있다고 평가했다.

# 식물의 생존 무기, 매운맛

**인간의 유흥이 된 식물들의 방어 전략**

2023년 9월 '원칩 챌린지'에 도전한 미국의 10대 소년이 숨지는 사고가 발생했다. 원칩 챌린지는 매운 고추가 들어간 과자를 물 없이 먹는, 당시 SNS에서 유행하던 챌린지로 수많은 사람이 도전했다. 사망 원인에 대해 논란이 있었지만 소년이 매운 과자를 먹은 상황에서 심폐정지가 오면서 사망으로 이어진 것으로 알려졌다. 소년이 먹은 과자의 스코빌 지수Scoville Heat Unit, SHU(매운맛 지수)는 무려 220만에 이른다. 우리가 맵다고 하는 청양고추(4,000~1만 스코빌)의 최소 220배 매운 것이다.

고추의 매운맛은 고추에 들어 있는 캡사이신이라는 화학물질을 우리가 인지하면서 느끼는 감각이다. 즉 단맛, 짠맛, 신맛, 쓴맛, 감칠맛은 혀에 있는 미각 수용체를 통해 맛을 느끼는데, 이와 달리 매운맛은 통점 수용체가 인식하는 '열감에 의한 통각'이다. 즉 매운맛은 과학적으로는 단맛, 짠맛, 신맛, 쓴맛, 감칠맛과 다르게 맛이 아니라 통증의 일종인 것이다. 통각이기 때문에 매운 고추를 많이 먹게 되면 입술과 혀가 아린 것을 넘어 온몸에 열이 나고 심하면 위경련이나 위염 등을 유발할 수 있다. 그런데 고추는 왜 이런 무시무시한 화학물질을 만들어내는 걸까?

식물은 곤충이나 동물과 다르게 최초 발아한 장소에서 성장하면서 평생을 움직이지 못하고 한곳에서 생존해야 한다. 따라서 곤충이나 초식 동물로부터 먹히지 않고 살아남기 위한 수단을 강구해야만 했다. 아주 오래전부터 식물은 다양한 방법으로 방어 수단을 개발했다.

밤이나 탱자나무 등은 뾰족하고 날카로운 가시를 만들어 초식동물들이 잎이나 가지, 열매 등을 먹지 못하게 방해하는 방법을 만들어냈고, 산초나무나 은행나무는 좋지 않은 냄새를 풍겨 적이 가까이 오지 못하게 했다. 담뱃잎은 니코틴, 커피는 카페인, 고추는 캡사이신이라는 화학물질을 만들어 유독한 성분으로 곤충과 초식동물이 자신을 기피하게 만들었다.

이와 같은 방어 수단은 식물이 동물의 공격을 막고 오랜 기간 생존하는 데 매우 성공적으로 작동했다. 하지만 안타깝게도 인간이란 종이 식물이 만들어낸 화학물질을 오히려 그들의 유희를 위해 쓸 것이라고는 예상하지 못했던 것 같다.

### 커피·고추·두리안의 자기방어 수단

일부 식물이 동물로부터 자신을 방어하기 위해 만들어내는 화학물질들이 오히려 우리 인류가 그 식물들을 즐겨 먹게 만드는 선택 포인트가 되었다. 커피(왼쪽)의 카페인, 고추(가운데)의 매운맛, 두리안(오른쪽)의 향 등이 바로 그것이다.

### 짝퉁 아미노산이 무기가 되다

물리적인 모양이나 냄새, 맛 등으로 곤충이나 초식동물로부터 자신을 보호하는 방법이 아닌 조금 더 과학적이고 근본적인 전략을 만들어낸 식물도 있다. 열대 지역에 자생하는 특정 콩과식물들은 카나바닌canavanine이라는 아미노산을 가지고 있다. 그런데 이 카나바닌은 단백질 합성에 사용되는 아르기닌arginine과 구조적으로 매우 흡사하게 생겼다.

바로 이것을 이용해 콩과 식물은 방어를 넘어 공격을 한다. 콩과식물을 섭식한 딱정벌레는 자연스럽게 카나바닌이라는 아미노산을 같이 섭취하게 된다. 몸 안으로 들어온 카나바닌은 단백질 합성 시 아르기닌 대신 사용되는데, 아르기닌이 결합해야 하는 부분에 들어가 구

### 카나바닌과 아르기닌의 구조

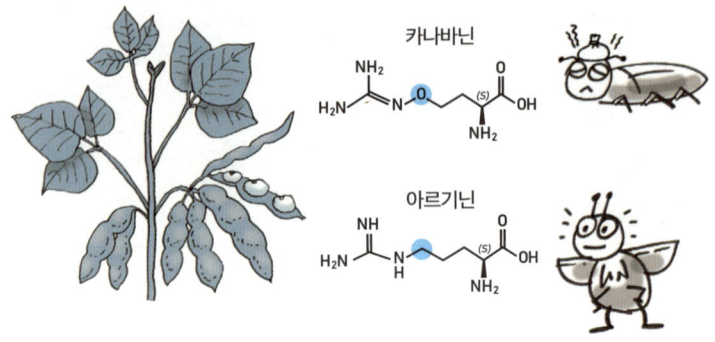

콩과식물이 만든 카나바닌(위)과 아르기닌(아래)의 구조를 보면 파란색으로 표시한 부분을 제외하고 구조가 거의 동일하다. 곤충들은 단백질을 만드는 과정에서 이 차이를 구별하지 못해 아르기닌 대신 카나바닌을 사용하고 결국 정상적으로 성장하지 못해 죽게 된다.

조가 다른 단백질을 만든다. 우리가 요리를 하는 과정에서 설탕을 넣어야 하는데 색과 모양이 비슷한 소금을 잘못 넣어 음식을 망치는 것과 비슷한 상황이 전개되는 것이다.

결국 딱정벌레는 생존에 필요한 정상적인 단백질을 만들어내지 못하고 죽음에 이른다. 이는 다른 식물들처럼 자신의 천적을 회피하는 전략이 아니라 서서히 죽여 없애는, 매우 공격적이고 적극적인 자기 보호 전략이라 할 수 있다.

여기서 우리는 한 가지 궁금증이 생긴다. 카나바닌을 우리가 먹으면 어떻게 될까? 우리는 딱정벌레와 다르게 아르기닌과 카나바닌의 구조적 차이를 명확하게 구별하는 아르기닌-tRNA 합성효소 arginyltRNA synthetase를 가지고 있어 카나바닌을 단백질 합성에 사용하지 않는다. 혹시 효소가 실수해서 카나바닌을 단백질 합성에 사용하는 경우에도 이 단백질을 신속히 체내에서 제거한다. 이런 이유로 우리는 카나바닌이 많이 함유된 작두콩을 건강을 위한 차나 음식으로 즐길 수 있는 것이다.

그런데 이 콩과식물들은 인류가 20세기에 발견한 단백질 합성의 비밀을 어떻게 미리 알고 있었을까? 또 이같이 먹을 수 있는 식물과 먹지 못하는 식물을 동물들이나 곤충들은 어떻게 알았을까? 생명체들의 창의적인 발생과 생존 전략들을 알면 알수록 생명과 자연의 신비에 깊은 경의를 표하게 된다. 또 우리 모두가 이 소중한 생명체들을 더욱 사랑하고 보존해야 한다는 생각을 하게 된다.

# 고양이에게 생선 가게를
# 맡기면 안 되는 이유

### 레고 블록과 아미노산

세계적으로 어린아이부터 성인에 이르기까지 다양한 연령대의 사랑을 받는 장난감이 있다. 바로 레고 블록이다. 작게는 수십 개에서 많게는 수천 개의 레고 블록을 조립해 자동차에서부터 우주 비행선까지 상상하는 모든 것을 만들 수 있다.

이 레고 블록이 세상에 처음 모습을 드러낸 1949년부터 지금까지 세대를 뛰어넘어 수많은 사람들에게 그토록 사랑받는 이유는 무엇일까? 아마 이 작은 블록으로 상상하는 모든 것을 만들 수 있기 때문일 것이다. 레고 블록은 스터드studs(위쪽 돌기)와 튜브tubes(아래쪽 원형)가 결합하는 단순한 구조를 통해 크기와 모양에 제한을 받지 않고 원하는 모든 것을 만들 수 있는 무한한 '확장성'을 지닌다.

## 레고 블록의 스터드와 튜브

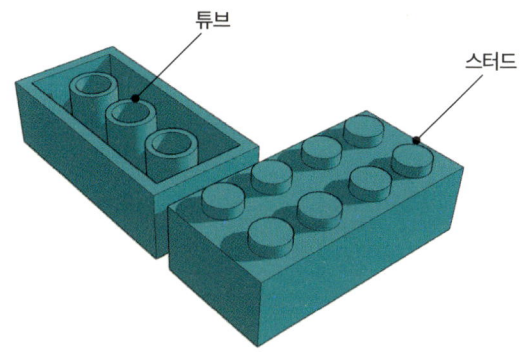

레고 블록은 스터드(위쪽 돌기)와 튜브(아래쪽 원형) 구조로 되어 있어 어린아이도 쉽게 결합과 해체를 할 수 있다. 이 레고 블록처럼 아미노산도 아미노기(양극)와 카복실기(음극)로 되어 있어 서로 쉽게 결합되는 구조를 가진다.

    이런 레고 블록과 같은 역할을 우리 몸에서는 아미노산이 한다. 여러 개의 레고 블록을 조립 설명서에 따라 연결하면 집, 자동차, 우주선, 로봇 등을 만들 수 있듯이 아미노산들도 유전자 코드에 따라 연결되면 피부, 근육, 장기 등의 다양한 단백질이 만들어진다.

    재미있는 것은 레고 블록이 스터드와 튜브가 맞물려 자동 결합하는 것처럼, 아미노산도 한쪽은 아미노기amino group(양극)로 되어 있고 다른 한쪽은 카복실기carboxyl group(음극)로 되어 있어 양극과 음극이 꼬리에 꼬리를 물고 쉽게 결합하는 구조를 갖는다는 점이다. 차이가 있다면 레고 블록은 그 종류가 수백 개에 이르지만 우리 몸이 사용하는 아미노산은 단 20개에 불과하다는 것이다. DNA에도 역시 20개의 아미노산에 대한 코드만이 담겨 있다.

## 왜 20개의 아미노산일까?

지구상에는 수백 가지의 아미노산이 존재하는데, 흥미롭게도 생명체들은 그중 20가지만 단백질을 만드는 데 사용한다. 더 많은 아미노산을 사용하면 더 정교하고 다양한 단백질들을 만들 수 있을 것이다. 하지만 그만큼 각 아미노산에 매칭되는 유전자 암호들을 만들어내야 하고, 아미노산을 더 만들어내기 위해 더 많은 에너지를 사용해야 한다. 그에 따라 대사 과정도 훨씬 복잡해진다는 부담이 있다. 한번 추측해보면, 아마도 진화를 거치며 20가지의 아미노산이 현재의 환경에서 생명체들이 생존하기에 최적의 숫자가 된 것이 아닌가 생각된다.

하지만 생명체가 사용하지 않는 아미노산을 인위적으로 단백질 합성에 사용해 완전히 새로운 단백질을 합성하는 연구가 이어지고 있다. 나아가 자연계에 존재하지 않는 새로운 아미노산을 창조해 새로운 단백질을 합성하는 연구로까지 발전하고 있다. 마치 레고 블록 고수가 기존에 없는 새로운 모양의 블록을 자체 제작해서 조립설명서가 존재하지 않는 새로운 구조물을 완성하는 것과 같다.

머지않아 38억 년 전 지구에 최초의 생명체가 나타난 이후 단 한 번도 존재하지 않았던 단백질이 만들어질지도 모른다. 이렇게 인위적으로 만들어지는 단백질들은 대체로 새로운 기능의 효소나 신약 및

### 단백질 구조의 원리

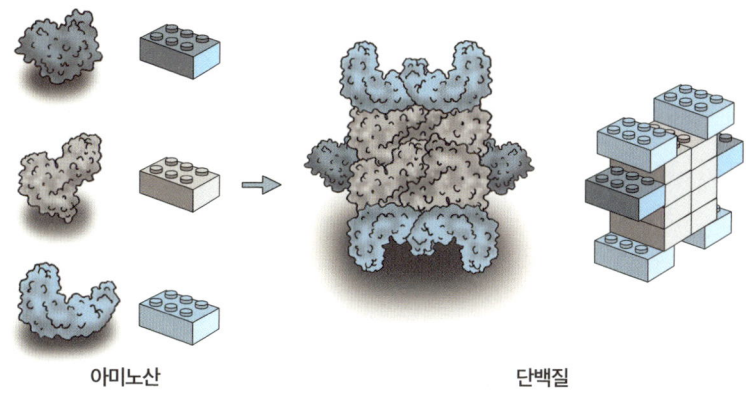

**아미노산**                 **단백질**

아미노산을 레고 블록 하나라고 가정하면 레고 블록 여러 개를 이어서 만든 3차원 물체를 단백질이라고 할 수 있다.

산업 제품의 신소재로 사용될 것이다. 하지만 그와 동시에 이런 발명이 우리가 생각지도 못한 어떤 위험 요소를 내포하고 있을지는 아직 모른다. 이 새로운 단백질들은 과연 인류 생존에 도움이 될까? 아니면 오히려 인류를 커다란 위험에 빠트릴까?

### 지구를 살리는 채식, 그러나

우리 몸은 20개 표준 아미노산 블록으로 만들어진 '레고 구조물'이라고 볼 수 있다(나중에 발견된 21번째 아미노산인 셀레노시스테인selenocysteine은 특수한 경우에 단백질 합성에 참여한다). 이 아미노산들이 모두 충분히 있어야 인체는 근육도 만들고 호르몬도 만들고 효소도 만들어 건강한 몸을 유지할 수 있다.

그런데 21개 아미노산 중에서 단 12개만이 우리 몸의 대사과정에서 합성되어 만들어진다. 결국 체내에서 만들어내지 못하는 아홉 개 아미노산은 반드시 먹어서 보충해야 하는데, 이를 '필수아미노산'이라고 부른다.

최근 전 세계적으로 '가축의 동물윤리', '환경오염에 따른 기후변화', '건강' 등의 이유로 채식을 선호하는 사람들이 늘어나고 있다. 채식주의자를 뜻하는 비건vegan 메뉴를 제공하는 식당이 늘어나고 화장품 등 생활용품에도 비건 마크를 단 제품이 출시되고 있다. 채식은 가축을 기르기 위해 훼손되는 녹지와 막대한 탄소 배출을 줄인다는 이점이 있으며, 건강상의 이유로도 채식을 택하는 사람들이 늘고 있다. 일부 비건들은 여기서 더 나아가 오직 채식만이 인간, 동물, 지구를 살리는 길이라고 주장하기도 한다. 하지만 일각에서는 지나친 채식은 오히려 건강을 해칠 수 있다는 이야기도 나온다.

콩, 쌀, 감자 등에 함유되어 있는 식물성 단백질에도 아홉 개의 필수아미노산이 존재하기 때문에 최소 요구량을 맞춘 식단을 잘 만들면 동물성 단백질 없이도 건강을 유지할 수 있다. 하지만 노약자나 영유아, 환자의 경우 식물성 단백질 섭취만으로는 필요한 아미노산의 양을 채우지 못할 수도 있다. 예를 들어 히스티딘histidine의 경우 성인에게는 체내에서 합성되는 비필수아미노산이지만 어린아이들에게는 많

## 식품별 필수아미노산 함량

단위: 아미노산 mg/단백질 100g당

| 식품 | 단백질 (g/100g) | 아이소류신 | 류신 | 리신 | 메티오닌 | 페닐알라닌 | 트레오닌 |
|---|---|---|---|---|---|---|---|
| 백미 | 9.3 | 360 | 750 | 330 | 220 | 490 | 320 |
| 돼지고기 | 19.8 | 950 | 1,512 | 1,650 | 524 | 793 | 952 |
| 닭고기 | 23 | 1,082 | 1,682 | 1,845 | 542 | 946 | 1,046 |
| 소고기 | 17.1 | 850 | 1,451 | 1,571 | 407 | 737 | 846 |
| 달걀 | 12.4 | 624 | 1,043 | 855 | 346 | 663 | 664 |
| 우유 | 3.1 | 120 | 333 | 232 | 72 | 115 | 134 |
| 두부 | 9.6 | 348 | 709 | 519 | 111 | 454 | 349 |
| 멸치 | 49.7 | 2,091 | 3,227 | 3,925 | 1,129 | 1,892 | 1,891 |
| 빵 | 9 | 287 | 593 | 155 | 116 | 437 | 243 |
| 햄, 소시지 | 20.7 | 923 | 1,690 | 1,780 | 253 | 844 | 1,236 |
| 배추김치 | 1.9 | 53 | 86 | 77 | 9 | 55 | 63 |
| 라면(건면) | 8.6 | 265 | 548 | 188 | 106 | 378 | 232 |
| 국수 | 7.3 | 217 | 491 | 160 | 96 | 349 | 192 |
| 대두 | 36.1 | 1,317 | 2,514 | 2,091 | 475 | 1,618 | 1,306 |
| 새우 | 28.2 | 1,000 | 1,800 | 2,100 | 690 | 1,000 | 940 |
| 고등어 | 21.1 | 807 | 1,412 | 1,195 | 384 | 738 | 812 |
| 오징어 | 18.8 | 682 | 1,246 | 1,034 | 199 | 632 | 698 |
| 명태 | 17.5 | 1,082 | 1,908 | 2,157 | 696 | 917 | 1,029 |
| 밀가루 | 10.3 | 322 | 708 | 149 | 149 | 492 | 287 |
| 떡 | 3.7 | 125 | 275 | 64 | 99 | 176 | 159 |
| 어묵 | 11.4 | 490 | 870 | 766 | 286 | 449 | 481 |
| 보리 | 8.7 | 264 | 610 | 304 | 133 | 448 | 302 |
| 된장 | 13.7 | 530 | 978 | 698 | 170 | 606 | 485 |
| 현미 | 6.3 | 264 | 459 | 303 | 137 | 298 | 228 |

출처: 국가표준식품성분표

**역할과 효과에 따른 아미노산의 구분**

| 단백질 생성 아미노산 | | 단백질 비생성 아미노산 |
|---|---|---|
| 필수아미노산 | 비필수아미노산 | |
| 아이소류신<br>류신<br>라이신<br>메티오닌<br>페닐알라닌<br>트레오닌<br>트립토판<br>발린<br>히스티딘(어린이에게만 필수) | 알라닌<br>아르기닌<br>아스파라긴<br>아스파르트산<br>시스테인<br>셀레노시스테인<br>글루탐산<br>글루타민<br>글라이신<br>프롤린<br>세린<br>티로신 | 카르니틴<br>GABA<br>레보티록신<br>하이드록시프롤린<br>셀레노메티오닌<br>타우린 |

은 양이 필요하기 때문에 필수아미노산으로 분류되어 반드시 섭취해 줘야 한다.

### 고양이의 필수아미노산, 타우린

인간의 몸에서는 단백질을 만드는 데 사용되지 않는 비단백 아미노산이 생존을 위해 반드시 필요한 동물도 있다. 다양한 피로회복제 주요 성분으로 활용되고 있는 아미노산 타우린은 고양이들에게는 필수아미노산 중 하나다.

타우린과 관련된 재미있는 일화로, 세계적인 에너지 음료 레드불의 구성 성분 중 하나가 소 정액이라는 소문이 SNS를 통해 일파만파 퍼진 적이 있었다. 이 음료에 들어 있는 타우린이 황소의 고환과 정액 추출물로 만들어졌다는 괴소문이었다. 제조사는 홈페이지 등을 통해 제약회사가 합성한 타우린을 사용한다고 밝히면서 단순 해프닝으로 마무리됐다.

사실 타우린은 1827년 소의 쓸개즙에서 처음 분리됐지만 포유동물의 정자나 고환에서 많이 발견된다. 여기에 이름도 라틴어로 소를 뜻하는 'taurus'에서 왔고 레드불의 심볼도 황소라는 우연의 연속이 이런 수상한 소문을 만들어낸 것이다.

다시 고양이와 타우린 이야기로 돌아와, 귀여운 외모와 독립적인 성격으로 사랑받는 고양이는 인간과 다르게 체내에서 타우린을 합성하지 못한다. 타우린이 부족하면 시력이 저하되고 심하면 실명에 이르며, 임신이 어렵고 심근 병증을 야기하기도 한다. 그런데 식물성 단백질에는 타우린이 거의 존재하지 않는다. 때문에 고양이는 반드시 동물성 단백질을 섭취해야만 한다.

"고양이에게 생선 가게를 맡긴 꼴"이라는 속담에서도 알 수 있듯이 고양이가 타우린이 풍부하게 함유된 생선을 좋아하는 것은 어찌 보면 생존을 위한 너무나 자연스러운 본능이 아닐까 싶다. 한편 고양이와 다르게 강아지와 새는 '아르기닌'이 반드시 섭취해야 하는 필수 아미노산이다.

그런데 우리가 살아가는 데 꼭 필요한 아미노산들 중 왜 어떤 아

| 인간과 동물에게 필요한 필수아미노산 | | |
|---|---|---|
| 인간의 필수아미노산 | 강아지, 새의 필수아미노산 | 고양이의 필수아미노산 |
| 아이소류신, 류신, 라이신, 메티오닌, 페닐알라닌, 트레오닌, 트립토판, 발린, 히스티딘 | 인간의 필수아미노산 + 아르기닌 | 인간의 필수아미노산 + 아르기닌, 타우린 |

미노산들은 체내에서 합성되는데 어떤 아미노산들은 자체적으로 합성되지 못하고 외부에서 섭취해야 하는 것일까? 아직 우리 몸은 미완성인 자연의 작품일까, 아니면 현재가 가장 경제적인 조합일까? 그렇다면 왜 각 종마다 필수아미노산이 다른 걸까? 아직도 우리 주위의 자연과 생명체들에 대해 논리적으로 대답할 수 없는 너무나 많은 질문이 남아 있다.

# 저기압일 땐
# 고기 앞으로

**우울하고 불면증에 시달린다면 고기를 먹어라**

2019년 중국 우한에서 처음 시작된 코로나19는 전 인류에 유례없는 고통을 안겨준 전염병이었다. 수많은 사망자가 발생했고 사회적 동물인 인류가 생존을 위해 강제로 거리두기를 해야 했다. 다행히도 백신 및 치료제의 신속한 개발로 인류는 코로나19를 극복했지만 그 후유증은 여전히 우리를 힘들게 하고 있다. 거리두기와 격리 등의 조치가 오래 이어진 탓에 성인들은 물론 아동과 청소년에 이르기까지 우울증과 같은 정신건강 문제가 크게 증가한 것이다.

국민건강보험공단에 따르면 0세부터 18세까지 아동·청소년 우울증 환자는 코로나19 팬데믹 이전인 2019년 3만 3,536명에서 2021년 3만 9,870명으로 2년 새 18.9퍼센트 증가했다. 현대 사회의 무서운 동반자로 불리는 우울증을 앞으로 어떻게 극복해나갈 것인지가 사회적 과제로 떠오르는 요즘, 고깃집에서 재미있는 문구 하나를 발견하고 피식 웃었다.

'저기압일 땐 고기 앞으로!'

온라인에서 고기를 좋아하는 사람들 사이에 유행하는 밈meme 중 하나다. 비슷한 밈으로는 '우울할 땐 고기 앞으로', '인생은 고기서 고기'가 있다. 기분이 저기압인데 왜 고기 앞으로 가야 할까? 사실 이 문구에는 매우 과학적 비밀이 숨겨져 있다.

우리 몸에서 만들어지는 세로토닌serotonin이라는 신경전달물질이 있다. 이 세로토닌은 흔히 '행복 호르몬'이라고도 불리는데, 연구에 따르면 우울증이나 불안 증세를 완화시키는 역할을 한다. 이 세로토닌의 원료가 트립토판tryptophan이라는 아미노산이다. 그리고 트립토판이 많이 함유되어 있는 대표적인 식품이 바로 돼지고기, 소고기 등 육류 단백질이다.

트립토판을 많이 섭취하게 되면 우리 몸은 세로토닌을 많이 만들어 마음이 평온해지고 평상심이 유지되는 등 기분이 좋아지고 우울증을 예방한다. 이런 효과 때문인지 네덜란드 라이덴대학교의 연구 결과에 따르면 트립토판을 많이 섭취한 사람은 그렇지 않은 사람에 비해 많은 액수의 돈을 기부하는 것으로 나타났다. 마음이 안정되어 여유가 생기고 넉넉해지는 것이다.

또한 우울증의 가장 고통스러운 증상중 하나가 불면증인데, 밤이 되면 우리 몸은 트립토판으로 만든 세로토닌의 일부를 수면유도 호르몬인 멜라토닌melatonin으로 바꾼다. 트립토판이 낮에는 행복 호르몬이 됐다가 밤에는 꿀잠 호르몬이 되는 것이다. 배부르게 식사를 하고 나서 몰려오는 식곤증도 바로 이 트립토판의 영향이다.

한편 고기나 달걀 등 단백질이 풍부한 음식을 먹고 나면 방귀 냄새가 독해지는 경험을 해봤을 것이다. 이 악취를 만드는 것도 트립토판이다. 체내에서 미처 흡수되지 못한 트립토판이 대장에서 대장균에 의해 분해되면서 인돌indole 등 특유의 악취를 풍기는 대사물질들을 만들어낸다.

### 코로나19와 행복 호르몬의 감소

코로나19의 장기 후유증을 뜻하는 '롱코비드long COVID'의 원인이 세로토닌의 감소 때문이란 연구 결과가 2023년 10월 《셀》에 게재됐다. 펜실베이니아대학교 의과대학 연구팀에 따르면, 사람들의 장에 남아 있는 코로나19 바이러스가 염증을 일으켜 체내 세로토닌의 감소를 야기하고 이로 인해 집중력 장애나 기억력 문제 등 신경인지 장애가 발생한다는 것이다. 코로나19 이후 우울증이나 불안 장애가 자가격리나 지속적인 죽음의 공포 등 심리적인 문제뿐만 아니라 행복 호르몬인 세로토닌 감소와도 직접적으로 관련 있음을 의미하는 연구 결과다.

그렇다면 냄새가 고약한 방귀를 뀌는 것이 부작용이긴 하지만 이 불안한 세상에서 평온하고 행복한 마음을 위해 기꺼이 고기(트립토판)를 먹는 것이 좋지 않을까? 그런데 '저기압일 땐 고기 앞으로'란 밈을 처음 만든 사람은 과연 이 문장에 숨겨진 과학적 사실들을 정말로 알고 있었을까?

# 암 유발 물질이
# 숙취 해소를?

### 암을 유발하는 국민 간식?

2002년 한일 월드컵을 한 달여 앞둔 4월, 스웨덴 국립식품청은 전 세계를 충격에 빠뜨린 연구 결과를 발표했다. 시중에서 판매하는 감자칩, 감자튀김 등의 식품에서 아크릴아마이드acrylamide라는 물질이 다량 발견됐다는 것이다.

사건은 1997년 10월 스웨덴 남서부 비야레반도에서 시작되었다. 시골 마을에 거대한 철도 터널 공사가 진행되면서 갑자기 집에서 기르던 가축이 잘 걷지 못하고 양식장에 있던 물고기들이 떠오르기 시작했다. 터널에서 일하고 있던 현장 작업자들은 마비 증상을 호소했다.

언론과 정부가 정밀 조사를 진행한 결과 방수 처리를 위해 사용한 실란트(각종 갈라진 틈에 충전되는 물질)에서 아크릴아마이드가 외부에

### 아크릴아마이드의 유해성

아크릴아마이드는 감자튀김이나 탄 토스트처럼 고온에서 조리된 탄수화물 식품에 형성되는 물질로, 발암 가능성이 있는 것으로 추정된다. 열에 오랫동안 노출될수록 더 많이 생성되기 때문에 진한 갈색으로 과도하게 조리된 감자튀김이나 빵 등의 섭취는 피해야 한다.

유출된 것으로 밝혀졌다. 해당 지역 유제품과 가축, 농산물은 폐기되었고 공사 관계자들에게 법적인 조치들이 취해지면서 사건은 사망사고 없이 일단락되는 듯했다.

그런데 생각지도 못한 놀라운 사실이 추가 조사에서 발견되었다. 스톡홀름대학교 환경화학과에서 터널 현장 작업자의 아크릴아마이드 노출을 연구하기 위해 작업자와 노출이 없었던 사람을 대조군으로 혈액 검사를 진행했는데, 두 그룹 모두에서 아크릴아마이드가 검출된 것이다. 연구팀은 결과를 보고 처음에는 어리둥절해하다가 사람들이 일상적인 식단을 통해 아크릴아마이드를 섭취할 수 있다는 가설을 세워 연구하기 시작했다. 그리고 충격적인 결과를 발표했다.

**식품별 아크릴아마이드 함량 조사 결과**  단위: μg/kg

| 제품명 | 최소치 | 최대치 | 평균 함량 | EU 기준 | 국내 권고 기준 |
|---|---|---|---|---|---|
| 감자튀김(10개) | 10 | 510 | 228 | 500 | 1,000 |
| 감자 과자(5개) | 170 | 360 | 296 | 750 | |
| 일반 과자(5개) | 30 | 170 | 98 | 300~400 | |
| 아기 과자(5개) | 10 | 60 | 34 | 150 | |
| 시리얼(5개) | 50 | 250 | 102 | 150 | |
| 빵류(10개) | 불검출 | 20 | 6 | 50 | |
| 커피류(10개) | 불검출 | 40 | 17 | 400 | |
| 총 50개 | 불검출 | 510 | 103 | - | - |

출처: 한국소비자원

    당시 일반인들에게는 이름도 생소했던 아크릴아마이드는 무취의 백색 결정체로 폐수 처리 시 불순물 제거제, 종이 강화제, 윤활제 등 산업적 용도로 사용되는 화학물질이다. 산업 현장에서 유해물질로 관리되던 물질이 놀랍게도 전 세계인이 즐겨 먹는 감자칩, 감자튀김, 시리얼 등에서 검출되었다. 이후 네덜란드, 노르웨이, 스위스, 영국, 미국에서도 고온에서 조리된 식품에서 아크릴아마이드가 검출된다는 것을 확인했다.

    아크릴아마이드의 유해성은 이미 연구로 나와 있다. 동물 실험에서는 발암이 확인되어 세계보건기구 국제암연구소는 아크릴아마이드를 발암가능물질 2A군(실험 동물에 대한 발암성 근거는 충분하나 사람에 대한 근거는 제한적인 인체 발암 추정 물질)으로 분류하고 있다. 그리고 장시간 노출된 근로자의 중추신경 및 말초신경계에 이상이 나타나는 등 사람에게 신경독성이 있는 것으로 확인됐다.

또 다른 동물 실험에서는 경구 노출된 수컷 동물에게서 생식 능력이 감소하는 현상이 나타났다. 암컷 동물이 임신 6~10일 사이에 경구 노출된 경우는 자손의 평균 체중이 적고 청각 반응이 떨어지는 것도 확인됐다. 최근 국내 연구 자료에 따르면 아크릴아마이드가 검출된 것으로 알려진 감자칩과 감자튀김뿐만 아니라 커피류, 과자류, 빵류 등에서도 아크릴아마이드가 검출됐다.

### 아스파라긴의 이중성

그러면 아크릴아마이드는 대체 어떻게 식품 속에 나타난 것일까? 아크릴아마이드는 감자칩이나 감자튀김을 만드는 요리 과정에서 형성된다. 감자에 풍부하게 들어 있는 아스파라긴이라는 아미노산과 포도당 등 환원당이 섭씨 120도 이상의 높은 온도에서 반응하면서 만들어지는 것으로 밝혀졌다. 때문에 아스파라긴이 풍부한 감자 등 일부 곡류로 만든 음식이 바삭할수록, 먹음직스럽게 노릇노릇할수록 더 많은 아크릴아마이드를 섭취하게 된다. 아크릴아마이드는 열에 오랫동안 노출될수록 더 많이 생성되기 때문에 진한 갈색으로 과도하게 조리된 감자튀김이나 빵 등은 피해야 한다.

이런 이유로 식품에서 아크릴아마이드를 완전히 제거하는 것은 매우 어렵다. 하지만 이 같은 문제를 해결하기 위해 한 종자회사에서는 고온에서 조리해도 아크릴아마이드가 많이 생성되지 않는 유전자 변형GMO 감자를 만들기도 했다. 그 밖에도 아스파라긴과 결합하는 환원당의 양을 줄이기 위해 조리 전 물에 담갔다가 조리하는 저감 기술을 개발하는 등 가공식품에서 아크릴아마이드를 줄이기 위한 다양한 노력이 이어지고 있다.

하지만 아스파라긴이 우리 건강을 위협하기만 하는 것은 아니다. 아스파라긴은 120도 이상의 고온으로 조리하지만 않으면 체내에서 단백질을 생성하고 중추신경계를 보호하는 등 우리 몸의 건강을 유지하는 다양한 역할을 수행한다.

또 숙취를 해소하는 데도 탁월한 효능을 보인다. 알코올을 섭취하면 주성분인 에탄올이 소화기관을 통해 간으로 흡수되고 대사 과정에서 아세트알데히드라는 화학물질을 만들어낸다. 이 아세트알데히드가 숙취를 발생시키는데, 아스파라긴을 섭취하면 이것이 아세트알데히드와 결합해 제거함으로써 숙취를 해소하는 것이다.

생각해보면 어릴 적 아버지가 술을 먹고 온 다음 날 아침이면 어머니는 어김없이 콩나물 국을 끓이시곤 했다. 이는 우리 선조들이 오래전부터 경험을 통해 아스파라긴이 우리 몸 안에서 어떤 일을 하는지 알게 된 것이 아닐까. 콩나물은 아스파라긴이 많이 들어 있는 식품 중 하나다. 앞서 언급한 감자를 비롯해 아스파라거스, 브로콜리, 시금치, 참치와 연어에도 아스파라긴이 많이 들어 있다.

# 미래 식량과
# 환경 문제의 해결사

**최고의 경주마를 탄생시킨 사료**

1996년 일본의 한 경마장에 처음으로 모습을 드러낸 경주마가 데뷔 첫해에 무려 6승을 거두는 일이 발생했다. 그다지 좋은 혈통을 가진 말은 아니었지만 한 가지 특이한 점이 있었다. 이 말이 생후 3개월부터 5년간 BCAA 등 아미노산을 섞은 사료를 먹으며 자란 것이다. 경주마의 경우 골격근이 약 50퍼센트를 차지하기 때문에 체내 단백질 합성이 매우 중요한데, 기존 곡물 사료와 함께 보충해서 먹인 BCAA 등 아미노산이 원활한 근육 생성과 회복에 도움이 되었을 것으로 판단된다.

이미 18세기부터 사람들은 아미노산이 체내에서 단백질을 합성하고 건강을 유지하는 데 매우 중요하다는 것을 인지하고 있었다. 하지만 산업적인 측면에서 아미노산의 가치를 가장 먼저 알아본 곳은 바로 가축 사료 시장이다.

가축 사료는 일반적으로 대두나 옥수수 등 곡물을 주원료로 사용한다. 이런 사료에는 대체로 필수아미노산이 부족하거나 아미노산들 간의 균형이 좋지 않아 가축의 성장을 둔화시키거나 질병에 취약해지는 문제가 있다. 그런데 산업화로 인구가 지속적으로 증가하고 가계 소득이 늘어나면서, 사람들은 식습관이 바뀌어 육류 및 유제품을 더 많이 소비하게 되었고 이에 더 빠르고 효과적으로 많은 양의 육류 생산이 요구됐다. 결국 사료 회사들은 곡물 사료에 섞어 사용하는 아미노산 보충제를 개발해 유통하기 시작했다.

예를 들어 건강한 젖소는 연간 약 5,000킬로그램의 우유를 생산하는데 이런 상태를 유지하기 위해서는 균형 잡힌 영양분을 꾸준하게 섭취해야 한다. 특히 필수아미노산 중 하나인 라이신$_{lysine}$은 우유 생산에 반드시 필요한 성분이다. 하지만 분만 직후의 젖소는 충분한 양의 곡물 사료를 지속적으로 섭취하기가 쉽지 않다. 이 같은 상황에서 곡물 사료에 라이신을 추가적으로 공급, 젖소가 최적의 건강 상태를 유지할 수 있도록 해서 우유 생산을 극대화했다.

달걀을 낳는 산란계 역시 꾸준한 농도의 라이신과 메티오닌을 섭취해야 하는데, 그 농도를 제대로 충족시키지 못하면 달걀의 생산성이 저하되거나 달걀 껍질이 너무 얇아 쉽게 깨지는 문제가 발생한다.

이처럼 특정 아미노산이 부족해서 발생하는 현상을 과학자들은

### 단백질 합성의 메커니즘을 보여주는 통 이론

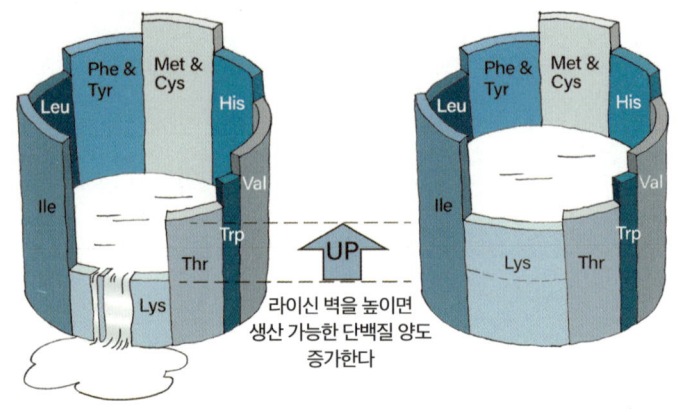

통 이론은 체내에서 단백질을 합성할 때 가장 부족한 아미노산이 통의 전체 이용률을 결정한다는 개념이다. 나무통의 가장 낮은 곳이 물 높이를 결정하듯, 아미노산 중 하나만 부족해도 나머지 아미노산만으로는 단백질을 만들어낼 수 없다. 때문에 아미노산을 균형 있게 섭취하는 것이 매우 중요하다.

'통(배럴) 이론'으로 설명한다. 술을 숙성시키는 참나무통 모양을 상상해보자. 통의 라인 하나하나가 각각 필수아미노산으로 만들어져 있다고 하면, 아무리 전체 통의 높이가 높아도 가장 부족한 아미노산의 높이만큼만 통을 활용할 수밖에 없다. 이처럼 전체 아미노산의 균형이 맞지 않으면 단백질 합성의 효율이 급격히 떨어지는 결과가 초래된다.

### 아미노산 사료로 환경오염을 줄이자

최근 소가 트림이나 방귀를 뀔 때 나오는 메탄과 배설물에서 발생하는 아산화질소nitrous oxide가 지구 대기 환경 오염의 주된 원인으로 지목받고 있다. 반추동물인 소의 경우 장내 박테리아가 음식물을 분해하고 발효하는 과정에서 메탄 가스가 70~120킬로그램 정도 생성된다. 이는 소형차 한 대가 내뿜는 온실가스 양과 거의 동일하다. 배설물에는 암모니아와 단백질 성분이 포함되어 있는데 암모니아와 단백질이 만나면 질산염이 되고 이는 아산화질소 형태로 공기 중에 방출된다. 아산화질소는 전체 온실가스에서 차지하는 비율은 크지 않지만 이산화탄소의 약 300배에 이르는 온실효과를 일으킨다.

사료용 아미노산 보충제는 바로 이런 환경오염을 줄이는 데도 일조한다. 가축에게 필요한 아미노산을 추가적으로 보충해줌으로써 곡물 사료의 사용을 크게 줄이고, 이로써 곡물 사료를 소화하고 배설하면서 발생하는 트림, 방귀, 배설물의 양도 줄일 수 있다. 이와 함께 가축 사료를 만들기 위해 경작되는 곡물 생산도 줄일 수 있다. 이런 장점들 때문에 동물 사료 보충제인 라이신의 시장 규모는 2022년 74억 달러에서 2032년 137억 달러 규모까지 성장할 것으로 예상된다.

4장

# 사람을
# 살리는 약,
# 사람을
# 죽이는 약

THE
PROTEIN
REVOLUTION

# 누구에겐 약 누구에겐 독, 호르몬의 양면성

### 호르몬을 사냥 도구로 활용하는 수중 생물

석기 시대부터 농경 시대에 이르기까지 사냥은 인류의 가장 기본적이고 원초적인 생계 수단이었다. 인류는 자기보다 훨씬 크고 강하고 빠른 동물을 잡기 위해 창, 화살, 독침 등 사냥 도구를 만들어 신체적 불리함을 극복했다.

동식물들도 생존을 위해 각자 자기만의 독특한 사냥법을 고안했다. 거미는 끈적끈적한 거미줄을 만들어 빠르게 움직이는 날벌레를 사냥하고, 어두컴컴한 심해에 사는 아귀는 생체 발광으로 빛을 방출해 사냥감을 유인한다. 맹주잠자리의 애벌레인 개미귀신은 한번 빠지면 탈출할 수 없는 모래 함정을 파서 개미를 사냥한다. 식물 중에서는 끈끈이주걱이 잎에서 분비되는 끈끈한 액체로 벌레를 잡는다.

우리가 잘 아는 물질을 사냥 도구로 활용하는 생물도 있다. 바로 무척추 해양동물인 청자고둥cone snail이다. 약 10센티미터 정도 크기에 날카로운 이빨이나 발톱도 없으며 바다 밑바닥을 아주 느리게 움직이는 동물이다. 하지만 자신만의 매우 독특한 방법으로 사냥을 해서 생존하는데, 이때 사용하는 물질이 바로 인슐린insulin이다.

우리가 당뇨병 치료제로 사용하는 인슐린을 청자고둥은 어떻게 독으로 사용하는 걸까? 원리는 매우 간단하다. 물속에서 먹잇감을 발견하면 가까이 오기를 기다렸다가 대량의 인슐린을 사냥감 주변으로 분비한다. 아가미 혈관을 통해 인슐린을 흡수한 물고기들은 급격한 저혈당에 빠져 판단 능력이 떨어지고 움직임도 느려진다. 이때 청자고둥이 느긋하게 다가가 쇼크에 빠진 물고기를 사냥하는 것이다.

인슐린은 혈액 속 포도당의 양을 일정하게 유지시키는 역할을 한다. 우리 몸은 탄수화물이나 당류 등을 많이 먹어 혈당이 올라가면 췌장에서 인슐린을 많이 분비해 혈액 내 포도당을 글리코겐 형태로 세포에 저장시킨다. 반대로 혈당이 내려가면 인슐린 분비를 줄여 적정한 혈당 상태를 유지시킨다.

당뇨병은 이와 같이 인슐린을 통한 체내 항상성 유지에 문제가 생기는 경우를 말한다. 당뇨병 치료에 가장 핵심적인 부분은 혈액 중에 당이 떨어지는 저혈당증이다. 혈당이 높다고 해서 즉각적인 건강상의 문제가 발생하지는 않는다. 하지만 혈당이 낮은 경우, 즉 저혈당일 경우는 쇼크로 일순간에 생명까지 위협할 수 있다. 청자고둥은 이 같은

## 청자고둥의 먹이 사냥 방법

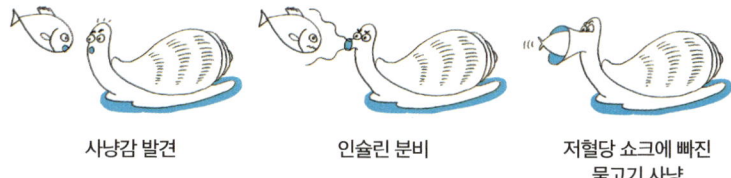

| 사냥감 발견 | 인슐린 분비 | 저혈당 쇼크에 빠진 물고기 사냥 |

코누스 툴리파*Conus tulipa*와 코누스 지오그라푸스*Conus geographus* 같은 청자고둥은 사냥을 할 때 그물 전략을 사용한다. 주둥이를 그물처럼 사용하는데, 다른 물고기들이 청자고둥의 먹이가 되기 위해 가만히 있을 리 만무하다. 그래서 청자고둥은 인슐린을 물고기 주위에 뿌려 물고기가 저혈당 쇼크로 무기력해지면 유유히 주둥이를 펼쳐 사냥을 한다. QR 코드를 스캔하면 청자고둥이 사냥하는 모습을 볼 수 있다.

인슐린의 메커니즘을 정확하게 이해하고 이를 이용해 먹잇감을 사냥하는 것이다.

### 생명을 죽이기도, 살리기도 하는 인슐린

우리 몸에서 혈당을 올리는 호르몬은 글루카곤glucagon 등 여러 종류가 있지만 혈당을 낮추는 호르몬은 인슐린이 유일하다. 그래서 인슐린이 당뇨병 환자에겐 약이지만 혈당에 문제가 없는 정상인에겐 생명을 앗아갈 독이 될 수도 있다. 그런데 이 사실을 악용해 끔찍한 살인을 저지르는 의료인들도 있다.

2023년 영국 맨체스터 형사법원은 한 병원의 신생아실 간호사에게 신생아 일곱 명을 살해하고 나아가 여섯 명을 더 살해하려 한 혐의를 적용해 가석방 없는 종신형을 선고했다. 이 간호사는 신생아에게 공기와 함께 정맥 주사를 놓거나 인슐린을 투여하는 방법으로 살해했다. 2024년 5월 미국 펜실베이니아주 버틀러카운티 법원은 세 건의 살인 혐의와 19건의 살인 미수 혐의로 기소된 노인 요양병원 간호사에게 종신형을 선고했다. 경찰 조사에 따르면 이 간호사는 야간 근무 시간을 틈타 인슐린을 과다 투여하는 방법으로 살인을 저질렀다. 사람을 살리기 위해 어렵게 만들어낸 약으로 멀쩡한 사람을 죽이는 데 사용한 것이다.

### 그랜트 밴팅, 불치병인 당뇨를 치료하다

2,000년 전 고대 인도의 의학서 『아유르베다Ayurveda』를 보면 "오줌을 많이 누며 심한 갈증을 호소하면서 점점 쇠약해지는 병에 걸린 환자가 오줌을 누면 그 자리에 개미와 벌레들이 유난히 많이 들끓는다"는 기록이 남아 있다. 당뇨병이 수천 년 전 고대에도 존재했음을 알 수 있는 대목이다. 지금은 풍요의 질병으로 알려진 당뇨병은 20세기 전까지만 해도 한번 걸리면 수년 안에 목숨을 잃는 불치병이자 사망 선고나 다름없었다. 그러다 1922년 캐나다의 의사 프레더릭 그랜트 밴팅Frederick Grant Banting이 인슐린을 발견, 당뇨병 치료법을 개발했다.

밴팅은 소의 췌장에서 인슐린을 분리하는 방법을 개발해 당뇨병을 앓는 14세 소년 레너드 톰슨Leonard Thompson에게 처음으로 주사함

### 《타임》 표지에 실린 프레더릭 그랜트 밴팅

1923년 8월 23일 프레더릭 그랜트 밴팅은 미국의 《타임》 커버를 장식한 최초의 캐나다인이 되었다. 《타임》은 〈노벨상 맨〉이라는 기사에서 밴팅의 인슐린 발견에 대한 과학적 성과를 설명하며 노벨 생리의학상 수상을 전망했다. 그해 12월 밴팅은 32세의 나이로 노벨 생리의학상을 수상했다.

으로써 당뇨병 치료의 길을 열었다. 그리고 "생명을 살리는 의술을 돈 버는 데 쓸 수 없다"며 단돈 1달러에 인슐린 특허를 토론토대학교에 넘겼다. 이 같은 성과를 인정받아 밴팅은 1923년 불과 32세의 나이에 노벨 생리의학상을 수상했다(2025년 기준 역사상 최연소 노벨 생리의학상 수상자). 이토록 단기간에 노벨상이 수여됐다는 것은 당시 당뇨병 치료제의 개발이 얼마나 시급했는지 그리고 밴팅이 개발한 인슐린에 대한 세상의 평가가 어떠했는지를 보여주는 것이다.

인슐린은 총 51개의 아미노산으로 구성된 단백질 호르몬이다. 이러한 이유로 우리가 흔히 복용하는 의약품들과 함께 경구 복용을 하면, 소화되어 효과가 없어지기 때문에 주사제로 만들어서 사용한다.

## 사람의 인슐린과 유사체의 구조 차이

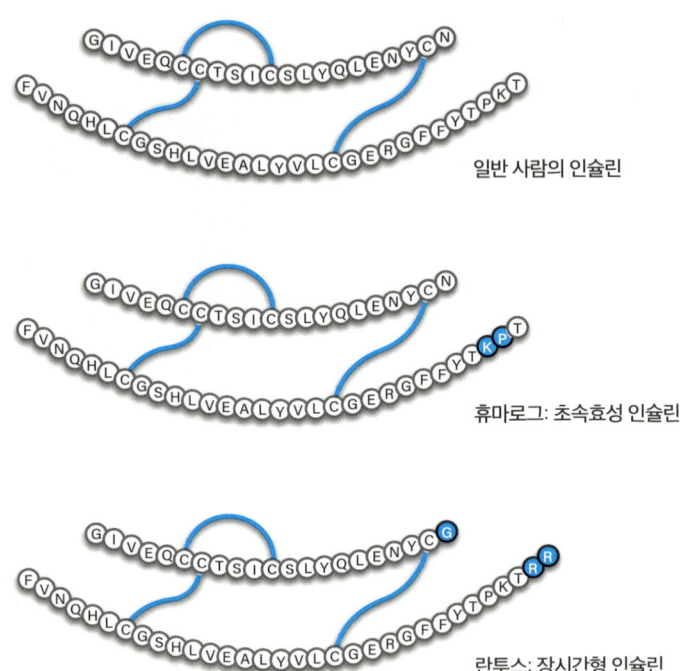

일반 사람의 인슐린

휴마로그: 초속효성 인슐린

란투스: 장시간형 인슐린

인슐린은 혈당을 조절하는 단백질로 총 51개의 아미노산으로 이루어져 있다. 그림의 맨 위는 자연 상태의 사람 인슐린이고 가운데와 아래는 그 구조를 약간 바꾼 인슐린 유사체다. 가운데 휴마로그humalog는 아미노산 두 개의 위치를 바꿔 주사 후 5~15분 안에 빠르게 작용하도록 만든 초속효성 인슐린이다. 아래 란투스lantus는 아미노산을 추가하고 치환하여 하루에 한 번 주사하면 24시간 이상 작용이 지속되도록 만든 장시간형 인슐린이다. 이처럼 아미노산 배열의 작은 변화로 인슐린의 작용 속도와 지속 시간을 조절할 수 있다.

이제는 아미노산 배열을 일부 수정해서 주사 후 5~15분 안에 효과를 나타내는 초속효성 인슐린 또는 한번 맞으면 24시간 동안 효과가 유지되는 장시간형 인슐린이 제품화되어 환자의 상황에 따라 사용되고 있다.

나중에 다시 언급하겠지만, 최근에는 인슐린을 직접 몸 안으로 넣어주는 것이 아니라 체내에서 인슐린 분비를 촉진하는 것으로 알려진 GLP-1<sub>glucagon-like peptide-1</sub>이라는 호르몬의 유사체를 통해 신체가 스스로 혈당을 조절하게 하는 방식으로 발전하고 있다.

# 모르는 게 약이 아니라
# 알아야 약이다

**약에 대한 무지가 초래한 비극**

모든 약에는 질병을 치료하는 효능만 있는 게 아니라 부작용도 반드시 존재한다. 다만 정도의 차이가 있을 뿐이다. 하지만 상용되는 약들의 부작용은 대부분 생명에 위협을 주지 않거나 투여를 중지하면 사라지기 때문에 환자에게 사전에 주의를 주는 정도다. 그럼에도 간혹 예상치 못했던 부작용이 사회적으로 큰 불행을 불러일으키는 경우도 있다.

1957년 독일의 한 제약회사가 진정제 및 수면제로 개발한 탈리도마이드thalidomide는 생쥐를 대상으로 한 독성 시험 결과, 매우 안전한 것으로 판명되어 부작용 없는 기적의 약으로 광고되었다. 특히 임신 초기 입덧을 완화하는 데 효과가 있어 전 세계 수많은 임신부를 입덧

### 탈리도마이드 복용 부작용 사례

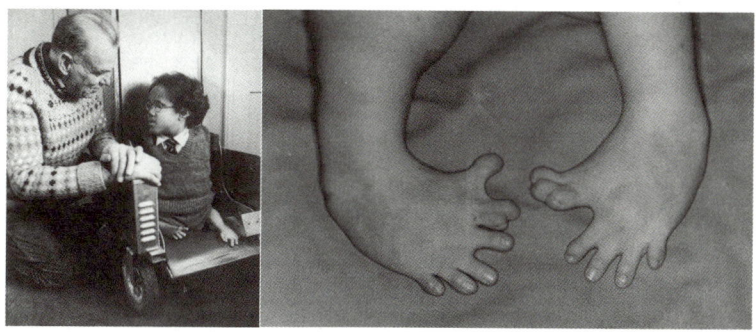

임신 초기 입덧 완화 목적으로 탈리도마이드를 복용한 임신부들이 팔다리가 짧거나 없는 아기들을 대거 출산하면서 부작용이 처음 발견됐다. 이후 탈리도마이드는 사용이 금지됐지만 이미 전 세계에서 1만 2,000명 이상의 기형아가 태어난 후였다. 아이들의 사지의 모양이 마치 바다표범의 다리 모양처럼 보인다고 해서 '바다표범손발증phocomelia'이라 불렸다.

의 고통으로부터 해방시켰다.

하지만 동물실험에서는 무독성이라고 할 만큼 안전한 약이었던 탈리도마이드가 인간에게 적용되자 전혀 다른 결과가 나타났다. 당시로선 전혀 예상치 못한 부작용이었다. 탈리도마이드를 복용한 산모들에게서 사지가 없거나 짧은 신생아들이 태어난 것이다. 약이 체내에 들어가 어떤 기능을 하게 될지 완전히 이해하지 못한 상황에서 약물을 사용한 결과가 부른 재앙이었다.

### 약물 부작용으로 대박이 나다

그런데 이런 부작용이 나타나서 아이러니하게 약물의 새로운 용처를 찾게 된 경우도 있다. 심장 혈관이 막혀 혈액과 산소 공급을 제대로 하지 못하는 질병인 협심증 치료제로 개발하던 물질이 있었다. 연구자들은 영국의 작은 탄광 마을에서 임상 시험을 진행했는데 시험 마지막 날 의례적으로 한 공개 질문이 인류 역사에 길이 남을 약을 탄생하게 했다.

"혹시 임상 과정에 특이 사항이 있었습니까?"라는 질문에 한 광부가 수줍게 손을 들어 "밤새도록 발기한 것 같다"고 답했다. 그러자 침묵하고 있던 다른 임상 참가자들도 비슷한 경험을 했다고 말을 보탰다. 심장 주변의 혈관을 확장해 혈액 순환을 원활하게 하는 것을 목표로 약물을 만들었는데 이것이 음경 주변 혈관에도 작용해 음경이 발기하는 예상치 못한 효과를 낸 것이다.

개발사였던 화이자Pfizer는 즉시 약물의 개발 방향을 협심증에서 발기부전 치료제로 바꿔 1998년 우리가 잘 아는 비아그라Viagra를 세상에 내놓았다. 그리고 알다시피 비아그라는 연매출 100억 달러 이상을 벌어들이는 글로벌 블록버스터로 성장했다.

비아그라의 성공은 라이프스타일 약물lifestyle drug(정력제, 강장제, 발모제 등 일상생활에 만족감을 주는 약으로 '해피 드럭happy drug'이라고도 한다)이라는 신조어를 탄생시켰고 이후 세계 유수의 제약사들이 앞다퉈 유사한 약물 개발 경쟁에 뛰어들었다.

탈모치료제인 프로페시아Propecia도 전립선 비대증의 원인으로 알려진 디하이드로테스토스테론DHT의 생성을 억제하는 치료제를 개발하던 과정에서 발견되었다. 일부 임상 시험자들에게서 탈모 개선 효과가 나타나면서 적응증이 확대된 것이다. 그리고 곧 전 세계 남성의 40퍼센트에 이르는 탈모 환자들의 희망으로 떠올랐다.

### 악마의 약에서 희망의 약으로

전 세계 48개국에서 1만 2,000여 명의 단지증을 유발한 '악마의 약' 탈리도마이드는 이후 어떻게 됐을까? 지구상에서 영원히 사라졌어야 마땅할 이 약은 지금 희망의 약으로 활약 중이다. 사지가 없거나 짧은 아이들이 태어났다는 건 탈리도마이드가 인체 내에서 어떤 기능을 했다는 걸 의미한다. 그래서 과학자들은 이 메커니즘을 잘 이해하고 활용하면 특정 질병을 치료할 수 있지 않을까 생각했고 오늘날까지도 연구를 거듭하는 중이다.

미국 식품의약국FDA는 1998년 탈리도마이드를 한센병 환자의 중증피부병변 치료제로 허가했다. 그리고 2006년에는 탈리도마이드를 기반으로 항암 효과를 강화한 레블리미드Revlimid(성분명 레날리도마이드)를 다발성 골수종 및 골수이형성증후군 치료제로 승인했다. 물론 임신부에게는 사용 불가하다는 전제 아래 말이다. 레블리미드는 2020년 기준 글로벌 매출액이 약 14조 3,370억 원을 기록하며 류머티즘 관절염 치료제 휴미라Humira, 면역항암제 키트루다Keytruda에 이어 전 세계 매출 3위를 차지할 만큼 큰 성공을 거두었다.

인류 역사상 최악의 부작용 사건으로 퇴출된 의약품에서 많은 암 환자에게 생존이라는 희망을 주는 의약품으로 변모할 수 있었던 것은 과학자들의 끈질긴 연구가 뒷받침되었기 때문이다. 최근에는 탈리도마이드가 세레블론cereblon이라는 단백질과 결합해 분자 접착제molecular glue 역할을 한다는 것이 밝혀지면서 이를 이용한 새로운 신약 개발 연구도 이어지고 있다. 탈리도마이드가 앞으로 또 어떤 드라마틱한 변신으로 인류를 깜짝 놀라게 할지 궁금해진다.

# 당뇨 치료제에서
# 다이어트 혁명까지

**당뇨병 치료제가 비만 치료제가 되다**

최근 대박을 넘어 21세기 만병통치약으로 주목받고 있는 단백질 의약품도 있다. 우리 몸에는 포도당이 체내로 들어오면 췌장을 자극해 인슐린 분비를 촉진, 혈당을 조절하는 GLP-1이라는 단백질이 있는데 과학자들은 이 단백질을 당뇨병 치료제로 개발하려는 노력을 이어왔다.

지금까지 당뇨병 치료의 유일한 방법은 인슐린을 직접 주입하는 것이었는데 그 인슐린 때문에 많은 당뇨병 환자가 저혈당에 따른 경련, 발작, 쇼크로 인한 실신 등의 위험을 감수해야 했다. 하지만 GLP-1을 이용하면 체내 인슐린 농도가 높아져 발생하는 저혈당 문제를 최소화할 수 있을 것으로 기대한 것이다.

하지만 GLP-1이 체내에 분비되면 1~2분가량만 작동하고 분해되어 사라진다는 치명적인 문제가 있었다. 이에 과학자들은 GLP-1과 기능은 유사하면서도 빠르게 분해되지 않고 오랫동안 유지되는 단백질을 만들기 위해 연구했고, 결국 13시간 동안 체내에서 작용하는 GLP-1 유사체 세마글루타이드semaglutide를 탄생시켰다. 그리고 미국 FDA는 2017년 덴마크의 제약회사 노보 노디스크Novo Nordisk가 세마글루타이드를 이용해 만든 당뇨병 치료제 오젬픽Ozempic을 최종 사용 승인했다.

여기까지는 평범한 신약 개발 이야기와 다를 바 없다. 그런데 이 오젬픽이 당뇨병 환자들에게 널리 사용되면서 황당한 일들이 벌어지기 시작한다. 당뇨병 치료를 위해 오젬픽을 맞은 환자들을 추적 관찰했더니 식욕이 감소해 체중이 감량되는 것을 발견했다. 나아가 SNS에 '오젬픽 베이비Ozempic babies'가 핫한 단어로 떠올랐는데, 이는 몇몇 난임 여성이 오젬픽을 맞은 뒤 예기치 않게 임신한 것을 SNS에 인증한 것이었다.

오젬픽이 임신에 직접 영향을 끼친 것은 아니었다. 추가 연구 결과 GLP-1 유사체인 세마글루타이드가 인슐린 분비를 촉진시킬 뿐만 아니라 식욕 조절 및 보상과 관련된 뇌 수용체에도 작동해 포만감을 유도하고 위장관 운동 속도를 늦추는 효과가 있는 것을 확인했다. 이 같은 작용 때문에 당뇨병 치료를 위해 맞은 오젬픽이 체중 감량 효과를 발휘했고, 일부 과체중에서 정상 체중으로 돌아온 난임 여성이 임신

## 오젬픽과 위고비

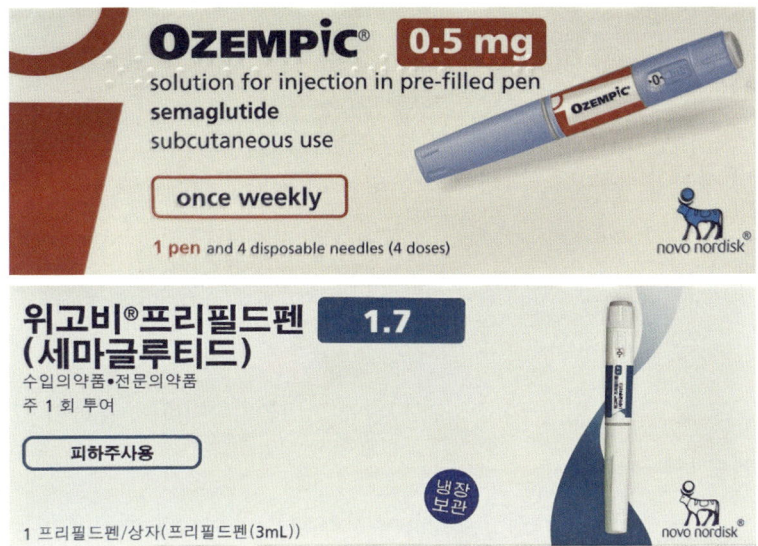

노보 노디스크에서 개발한 당뇨병 치료 주사제 오젬픽(위)과 비만 치료 주사제 위고비(아래)의 성분은 세마글루타이드로 동일하다. 최근에는 당뇨와 비만뿐만 아니라 심혈관 질환 위험 감소, 만성 신장 질환 진행 위험 감소 등으로 적응증을 계속 확대해가고 있다.

을 하는 일까지 발생한 것이다.

노보 노디스크는 곧바로 세마글루타이드를 이용한 비만 치료제 개발에 나섰다. 그리고 2021년 오젬픽과 동일 성분인 항비만 치료제 위고비Wegovy를 출시했다. 개발 초기 예상하지 못했던 비만 치료제로의 사업 확장은 노보 노디스크를 단숨에 글로벌 최고 수준의 제약회사로 자리매김하게 했다. 그리고 세마글루타이드의 신화는 여기서 멈추지 않고 계속 적응증을 확대해가고 있다.

### 예측 가능한 신약 개발의 시대

미국 FDA는 2024년 위고비를 심혈관 질환이 있는 과체중 또는 비만 성인의 사망, 심근경색, 뇌졸중 등 위험을 낮추는 치료제로도 허가했다. 인간면역결핍바이러스HIV 환자들의 지방성 간 질환 치료 및 지방비대증(인슐린 주사 부위에 피하 지방이 과도하게 축적되어 발생하는 증상)에 효과가 있다는 연구 결과도 발표됐으며 노화를 예방한다는 연구도 발표되고 있다. 이 정도면 나중에 만병통치약이 되지 않을까 싶기도 하다.

물론 약이라는 특성상 부작용이 전혀 없는 건 아니다. 최근에 영국의 의약품규제청은 GLP-1 계열 약물과 급성 췌장염 사이의 연관성을 조사하고 있다고 밝혔다. 급성 췌장염은 복부 통증과 구토, 발열 등을 동반하며 심한 경우 생명을 위협할 수 있는 염증 질환이다. 또 유럽의약품청EMA 산하 약물감시위해평가위원회는 시신경 손상을 유발할 수 있는 비동맥 허혈성 시신경병증 발병 가능성을 경고하기도 했다.

인간의 몸은 약 30조 개에 이르는 다양한 세포가 서로 소통하며 밸런스를 맞춤으로써 생명을 유지한다. 다양한 인자들이 상호 역동적이고 복잡하게 연결된 복잡계complex system 중에서도 그 복잡성의 정도가 말 그대로 '끝판왕'이라 할 수 있다. 과연 인류는 이렇듯 복잡하게 얽혀 있는 인체의 작용 원리를 완벽히 이해함으로써 질병의 원인을 확실하게 규명하고 이를 바탕으로 예측 가능한 신약을 개발하는 날을 맞이할 수 있을까?

    최근 빅데이터와 인공지능 시대의 도래 그리고 첨단 공학 기술의 발전 등이 이런 시대를 가능케 하지 않을까 하는 희망을 주고 있다. 만약 지난 수십 년간 분석해온 인간 유전체, 단백체, 대사체들 간의 네트워크를 포함해 성공과 실패를 거듭한 신약 개발 과정의 모든 데이터를 모아 빅데이터화하고, 성공과 실패의 이유를 인공지능을 통해 학습시킨다면 머지않은 미래에 예측 가능한 신약 개발도 현실화될 것이다.

# 단백질을 알면
# 돈이 보인다

**일론 머스크의 다이어트약**

'기적의 비만약', '꿈의 비만 치료제', '셀럽이 사랑하는 약' 등으로 불리며 전 세계적으로 인기를 끌고 있는 노보 노디스크의 비만 치료제 위고비가 우리나라에도 2024년 10월 정식 출시됐다. 2021년 6월 미국에서 처음 출시된 위고비는 앞서 설명한, 인슐린 분비를 촉진하고 포만감을 유도해 식욕 억제에 도움이 되는 것으로 알려진 호르몬 GLP-1의 유사체(세마글루타이드)로 만들어진 단백질 의약품이다. 글로벌 전기차 선도 기업 테슬라의 CEO 일론 머스크가 체중 감량을 위해 이 제품을 애용하는 것으로 알려지면서 한때 품귀 현상이 벌어지기도 했다.

위고비의 성공은 2023년 유전자 재조합 인슐린을 개발, 판매하던 덴마크의 한 제약회사를 단숨에 유럽 시가총액 1위 기업으로 등극시켰다. 2025년 3월 기준 노보 노디스크의 시가총액은 8,062달러(약 1,097조 원)로 월마트(7,447억 달러), 엑슨모빌(5,140억 달러) 등을 제치고 세계 12번째 기업이 되었다.

이처럼 질병 치료에 첨단 생명공학 기술을 이용해 만든 바이오 의약품이 적용되는 시대가 도래하면서 새로운 바이오테크 기업의 폭발적인 약진이 예견된다. 마치 애플이 2007년 아이폰을 출시함으로써 그동안 피처폰의 제왕으로 불리던 노키아를 제치고 세계 최고의 IT 기업으로 도약한 것처럼 말이다.

### 바이오 신약의 명과 암

우리가 잘 알고 있는 아스피린, 타이레놀 등은 화학 물질을 이용해 인공적으로 만든 합성의약품으로, 저분자 구조로 되어 있어 경구 투여가 가능하며 대량생산이 쉽고 생산 비용이 낮다는 장점이 있다. 하지만 많은 경우 생체 내에서 원래 타깃이 아닌 단백질과도 결합해 원하지 않은 부작용이나 독성이 발현될 수 있다는 한계도 있다.

이에 반해 바이오 의약품은 단백질이나 핵산 등 고분자 물질들로 만들기 때문에 경구 투여가 불가능하며 대량생산이 어렵고 생산 비용이 높다. 하지만 저분자 화합물들에 비해 비교적 작용 기전이 명확하고 타깃에 대한 결합 특이성이 높아 상대적으로 부작용과 독성이 낮다는 장점이 있다.

이런 장점 때문에 최근에는 비싼 가격에도 불구하고 새로운 바이오 의약품의 출시가 이어지고 있다. 2022년 《네이처 리뷰 드럭 디스커버리Nature Reviews Drug Discovery》에 발표된 내용에 따르면 2021년 글로벌 10대 의약품 중에 일곱 개 제품이 바이오 의약품으로 조사됐다. 바이오 의약품들의 개발이 활발하게 이뤄지면서 과거 합성 의약품으로는 치료가 불가능했던 희귀 난치성 질환 치료제들이 속속 시장에 출시되고 있다.

하지만 단기간에 질병의 근본적인 원인을 치료할 수 있다는 장점에도 불구하고 천문학적인 수준의 약값이 문제로 부각되고 있다. 한 예로 2024년 미국 FDA로부터 B형 혈우병 치료제로 승인받은 화이자 제약의 유전자 치료제 베크베즈Beqvez의 약값은 약 48억 원이다. 1회 주입으로 완치가 가능하다고는 하지만 일반인이 감당하기에는 너무 큰 액수다. 이런 이유 때문인지 몰라도 화이자는 환자들의 관심이 제한적이라는 이유를 들어 FDA의 승인 후 채 1년도 되지 않은 2025년에 베크베즈의 판매 중단을 결정했다. 지금까지 이 치료제를 투여받은 환자는 없는 것으로 알려졌다.

앞으로 희귀 난치성 질환이나 암 등 중증 질환을 대상으로 하는 초고가 바이오 의약품이 속속 개발되어 출시될 텐데, 치료제가 있음에도 불구하고 약값이 없어 치료를 받지 못하는 안타까운 일이 벌어질 수도 있다. 때문에 많은 국가에서 초고가 약의 경우 국가가 비용의 일부를 부담하거나 개인이 의료보험에 가입해 대응하는 방안 등 다양하고 심도 깊은 논의가 진행되고 있다. 만약 사랑하는 가족 중 한 명이 희귀 난치성 질환으로 고통받고 있는데 30억 원짜리 바이오 신약이 나왔다면 당신은 어떤 선택을 할 것인가?

천문학적인 비용에 따른 영향으로, 최근에는 집에서 DIY로 바이오 의약품을 저렴하게 만들어 자신의 몸에 직접 투약하는 바이오해커가 전 세계적으로 출몰하고 있다. 이들은 생명공학의 민주주의적 사용을 주장하며 실험 기구를 구입하거나 실험실을 빌려 스스로 생물학을 공부하고 실험한다. 그리고 그 결과물을 자신의 몸에 직접 주입해 효과를 검증하기까지 한다. 그러나 아직 안전성이 검증되지 않은 바이오 의약품을 직접 만들어 사용하는 것은 인류 및 환경에 악영향을 끼치는 바이오테러bioterror 또는 바이오에러bioerror가 발생할 가능성이 크기 때문에 자제해야 한다.

# 세상에서 가장 위험하고
# 아름다운 '독'

**공원에서 산책할 땐 이 '독'을 조심하세요**

제2차 세계대전 이후 미국과 소련을 중심으로 세계가 두 진영으로 나뉘어 한참 냉전을 벌이던 1978년, 게오르기 마르코프Georgi Markov라는 사람이 영국 런던의 한 버스정류장에서 갑자기 의식을 잃고 쓰러졌다. 불가리아 출신의 반체제 작가로 1969년에 영국으로 망명한 마르코프는 소련과 불가리아 체제 비평가로 활동 중이었고 이날도 라디오방송에 출연하기 위해 BBC 방송국으로 가던 중이었다.

시름시름 앓던 마르코프는 나흘 뒤 병원에서 숨을 거뒀다. 영국 경찰은 사인을 밝히기 위해 부검을 진행했고 마르코프의 허벅지에서 1.5밀리미터의 다공성 탄환이 발견되었다. 그리고 그 안에는 리신ricin이라는 단백질이 검출되었다.

리신은 기름 짜는 데 널리 사용하는 피마자(아주까리)의 씨에 존재하는 독성 단백질이다. 체내로 들어오면 단백질을 만드는 리보솜을 고장 내서 생명 활동에 필요한 단백질 합성을 막아버린다. 경구 투여 시 반수치사량(LD50, 실험 대상의 절반이 죽음에 이르는 양)은 킬로그램당 약 1밀리그램이다. 하지만 주사나 호흡기로 투여할 경우는 킬로그램당 0.03밀리그램으로, 약 2밀리그램만으로도 성인을 사망하게 할 수 있는 맹독이다.

### 유박 비료의 사용과 주의점

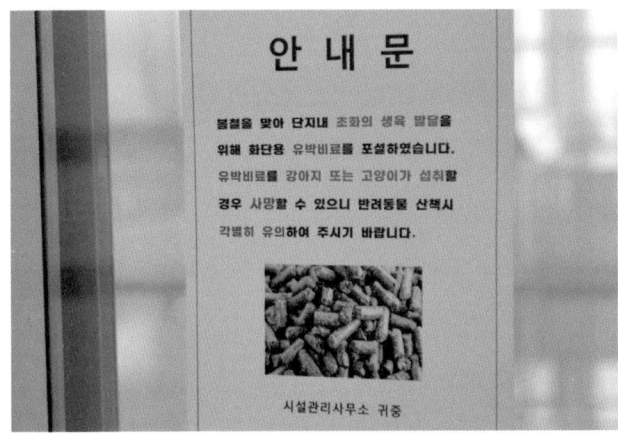

피마자 기름을 짜고 남은 찌꺼기를 다시 말려서 만드는 유박 비료는 가격이 싸고 천천히 분해되서 작물에 지속적인 영양 공급이 가능하다는 장점이 있다. 하지만 이 비료에는 극독 물질인 리신이 함유되어 있어 건강한 반려동물도 소량 섭취만으로 치명적인 결과에 이를 수 있다. 일반적으로 봄에 유박 비료를 많이 포설하는 만큼 봄철에 반려동물을 산책시킬 때 주의가 필요하다. QR 코드를 스캔하면 관련 보도를 확인할 수 있다.

매우 위험한 독이지만 사실 리신은 우리 주변에서 생각보다 쉽게 발견할 수 있다. 봄이면 공원 화단이나 텃밭 등에 피마자 기름을 짜낸 뒤 남은 부산물로 만든 유박 비료가 뿌려지는데, 이것을 산책하던 강아지나 야생 동물이 먹고 죽는 일이 종종 발생한다. 바로 부산물에 남아 있는 독성 단백질 리신 때문이다.

## 세상에서 가장 위험한 독은?

"복어 먹고 50대 남성 사망", "야생 버섯 먹은 80대, 복통 호소하다 결국 사망"과 같이 자연의 동식물을 잘못 섭취해 사망에 이른 안타까운 뉴스는 국내뿐 아니라 전 세계에서도 매년 끊이지 않고 들려온다. 복어나 버섯 외에도 지구상의 많은 동식물은 다양한 독을 자기 자신을 방어 수단으로 사용한다. 특히 뱀이나 전갈, 벌 등은 매우 적은 양으로 사람까지도 즉사시킬 수 있는 치명적인 단백질 독을 만들어 먹잇감을 사냥하거나 천적으로부터 자신을 보호해왔다. 그러면 이런 동식물들이 자연계에서 만들어내는 독들 중에서도 가장 강력하고 위험한 독은 무엇일까?

우리가 영화나 추리 소설 등에서 많이 들어본 청산가리$_{\text{potassium cyanide}}$(시안화 칼륨)의 경우 반수치사량은 킬로그램당 약 4밀리그램이다. 매년 사상자를 발생시키는 복어 독$_{\text{tetrodotoxin}}$은 0.008밀리그램이다. 그런데 복어 독보다 약 8천 배, 청산가리보다 400만 배 강한 독이 있다. 이 독은 반수치사량이 킬로그램당 1나노그램으로, 전 인류를 죽이는 데 몇백 그램이면 충분하다. 바로 혐기성 세균인 보툴리눔균Clostridium botulinum이 만들어낸 보툴리눔 톡신botulinum toxin이라는 단백질 독이다.

보툴리눔 톡신은 독일에서 소시지를 먹고 식중독으로 사람이 죽는 사건이 발생하면서 세상에 알려졌으며, 이런 이유로 소시지를 뜻하는 라틴어 'botulus'를 따 이름이 지어졌다. 감히 비교 불가한 강력한 독성을 감안하면 보툴리눔 톡신이 제2차 세계대전 당시 대량살상무기로 연구 개발된 것은 지극히 당연한 수순처럼 보인다. 1930년대 초 비인륜적이고 잔혹한 생체실험을 한 것으로 잘 알려진 일본의 731부대가 보툴리눔 톡신의 치사량을 측정하기 위한 인체 실험을 자행했다는 기록이 있다. 미국과 독일도 생물학 테러 무기로 연구 개발이 진행됐지만 다행히도 실전에 사용되지는 않았다고 한다.

### 독으로 젊음과 아름다움을 되찾다?

보툴리눔 톡신의 작용 메커니즘은 20세기 중반이 되어서야 밝혀졌다. 먼저 독이 우리 몸에 흡수되면 신경전달물질인 아세틸콜린의 방출을 차단한다. 그러면 호흡을 담당하는 근육에 신경 신호가 전달되지 못해 호흡 곤란으로 사망한다. 흥미롭게도 신경 신호를 차단시켜 근육을 이완시키는 이 작용 메커니즘은 보툴리눔 톡신을 우리가 생각지도 못한 곳에서 사용할 수 있도록 만들었다.

처음에 이 메커니즘에 관심을 가진 사람은 안과의사였다. 안구를 당기는 근육 이상으로 생기는 사시를 비수술적으로 치료하는 방법을 찾던 도중 보툴리눔 톡신을 테스트하게 된 것이다. 결과는 매우 성공적이었다. 안구 근육이 이완되면서 증상이 완화된 것이다. 미국 FDA는 1979년 보툴리눔 톡신을 사시 환자 치료용 의약품으로 승인했다. 이후 추가적인 임상시험을 통해 안면 경련과 눈꺼풀 경련을 비롯, 소아 뇌성마비 환자의 경직된 근육 이완 등 다양한 질환으로 적용 범위가 확장되었다. 자연계 최강의 독이 근육의 과도한 긴장으로 고통받는 환자를 치료하는 의약품으로 환골탈태한 것이다.

하지만 여기서 멈추지 않고 또 한번 드라마틱한 사건이 벌어진다. 이번에는 피부과 의사가 눈꺼풀 경련 치료를 위해 눈 주위와 이마에 보툴리눔 톡신을 맞은 환자의 눈과 이마 주위에 잔주름이 없어지는 부작용을 발견한 것이다. 그리고 2002년 미국 FDA는 보툴리눔 톡신을 눈썹주름근과 미간주름의 일시적 개선 의약품으로 승인한다. 바로 이것이 우리가 너무나도 잘 아는 보톡스다.

보툴리눔의 '보'와 톡신의 '톡'을 합성해 보톡스라는 이름이 지어졌다. 아주 적은 양으로도 수많은 사람의 생명을 순식간에 앗아갈 수 있는 무시무시한 독이 생각의 전환을 통해 인류의 젊음과 아름다움을 지켜주는 대명사가 된 것이다.

현대 약학의 아버지로 불리는 독일의 의학자이자 연금술사 파라켈수스Paracelsus는 "모든 것은 독이며 독이 없는 것은 존재하지 않는다. 용량만이 독이 없는 것을 정한다Alle Ding' sind Gift, und nichts ohn' Gift.

## 현대 독성학의 기초를 세운 파라켈수스의 초상화

16세기 유럽의 의사이자 연금술사로 알려진 파라켈수스는, 어떤 물질이 독이 되는지 아닌지는 그 용량에 달려 있다고 강조했다. 이는 약도 많이 먹으면 독이 될 수 있고 일부 독도 적정량을 먹으면 약이 될 수 있다는 의미로, 현대 독성학과 의약학의 기초가 된 관점이다.

Allein die Dosis macht, daß ein Ding kein Gift ist"라는 말을 남겼다. 좋은 약도 용량을 잘못 사용하면 독이 되고, 치명적인 독도 적절하게 잘 사용하면 환자들에게 희망과 용기를 북돋아준다. 지금도 수많은 과학자가 현존하는 다양한 동식물의 독을 연구 중에 있다. 누가 알겠는가? 또 어떤 독이 인류를 질병에서 구원할 새로운 약으로 또는 미용 재료로 탈바꿈할지?

# 단백질 의약품을
# 주사로 맞는 이유

### 세상에서 가장 비싼 단백질

2014년 2월 24일에 미국 FDA는 일반성 지방이영양증generalized lipodystrophy(체내 지방의 분포와 대사에 이상이 초래되는 질환) 환자의 렙틴 leptin 결핍 관련 대사합병증 치료제로 단백질 의약품 마이알렙트Myalept를 사용 승인했다. 마이알렙트의 주성분인 메트렐렙틴metreleptin은 체내에서 에너지 대사와 식욕 조절에 중요한 역할을 하는 호르몬 렙틴을 인위적으로 재조합해서 만든 유사체로, 렙틴이 결핍된 환자에게는 유일한 치료제로 사용된다.

환자들은 치료를 위해 하루에 한 번 피하에 주사해야 하는데 마이알렙트의 바이알 한 개(11.3밀리그램) 가격은 약 856만 원이며 연간 치료비용은 약 17억 원에 이른다. 그런데 만약 주사 맞는 것을 너무 싫

어하는 환자가 856만 원짜리 바이알 한 개를 주사로 맞지 않고 구강으로 섭취하면 어떻게 될까?

## 단백질은 왜 3차원 구조를 가져야 할까?

이 세상 모든 물질은 고유의 구조가 있으며 그 구조는 주어진 기능을 수행하기 적합하게 만들어진다. 역으로 각 물질들의 구조를 보면 그 기능을 어느 정도 예측할 수 있다. 단백질도 예외는 아니다. 단백질은 생체 내에서 독특한 3차원 구조를 가지고 있는데 이 구조를 상실하면 가지고 있던 기능도 함께 잃어버린다.

단백질 구조를 없애는 가장 흔한 두 가지 방법은 가열과 소화다. 달걀을 예로 들어보자. 생달걀은 흰자 부위가 투명한 액체 상태인데 여기에 열을 가하면 불투명한 흰색으로 바뀌면서 고체로 변한다. 단백질 흰자를 구성하는 주요 단백질인 오브알부민ovalbumin 등 여러 단백질의 3차원 구조가 열로 인해 변형되면서 서로 엉겨 붙어 일어나는 결과다.

이론적으로는 단백질을 구성하는 아미노산의 서열이 끊어지지 않는 한 온도를 내리면 본연의 모습으로 다시 돌아가야 한다. 하지만 많은 경우 열을 가해 한번 엉겨버린 단백질 덩어리들은 온도를 내려도 원래 모습으로 돌아가지 못한다. 그래서 달걀 프라이나 삶은 달걀을 냉장고에 넣어도 다시 투명한 원래 날달걀의 모습으로 돌아가지 못하는 것이다.

### 가열 전과 후 단백질 구조와 가열 전과 후 달걀

단백질들은 독특한 3차원 구조를 갖는다. 하지만 열을 가하면 대부분 단백질은 3차원 구조를 상실한다. 생달걀에 열을 가하면 투명했던 액체 상태가 불투명한 고체로 변하는 것도 이 같은 단백질 구조 변화에 따른 현상이다.

 

소화는 열로 인한 변성과는 다른 방식으로 단백질을 분해한다. 날달걀을 먹으면 달걀을 구성하고 있는 단백질은 위에서 펩신이나 트립신 같은 소화효소들과 만나 작은 파편으로 잘라진다. 이후에는 장으로 내려가 아미노산으로 분해되어 체내로 흡수된다. 따라서 3차원 구조를 상실하는 것을 넘어 그 단백질을 구성하는 최소 단위인 아미노

**단백질의 소화 과정**

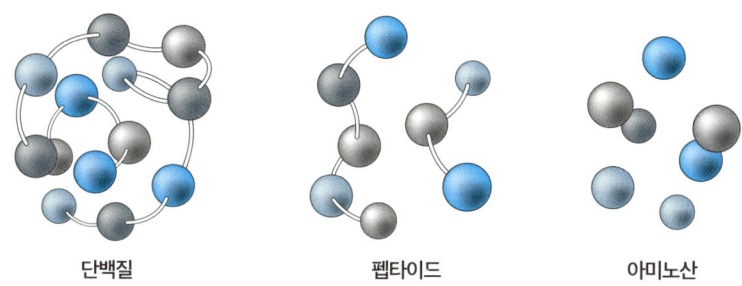

단백질　　　　　　펩타이드　　　　　아미노산

단백질의 소화 과정은 단백질을 구성하고 있는 아미노산을 일일이 분해하는 과정이라고 해도 과언이 아니다. 단백질은 먼저 수 개의 아미노산이 연결된 펩타이드로 분해되며 최종적으로 각각의 아미노산으로 해체되어 우리 몸이 필요로 하는 새로운 단백질을 만드는 데 사용된다.

산들로 분해되는데, 이 분해를 통해 단백질이 지니고 있던 원래의 기능도 완전히 사라지는 것이다.

다시 원래의 질문으로 돌아가, 희귀병을 치료하는 수백만 원짜리 단백질 의약품을 먹게 되면 우리가 음식으로 먹는 단백질들과 같이 위에서 소화되어 아미노산 상태로 우리 몸에 흡수된다. 따라서 효과는 동일 무게의 고기를 먹는 것과 크게 다르지 않다. 이는 무릎 관절이 불편한 노인이 도가니탕을, 주름 없는 피부를 원하는 여성이 콜라겐이 풍부한 족발이나 닭발을, 눈이 피로한 수험생들이 생선 눈을 아무리 많이 섭취한다고 해도 소용이 없다는 이야기다.

그 형태가 어떻든 단백질은 섭취하면 모두 아미노산의 형태로 분해되고 흡수되어 근육, 머리카락, 손톱, 장기, 뼈 등 다양한 신체로 재구성된다. 따라서 우리가 원하는 신체 부위의 특정 단백질을 보강하거나 치유하기 위해 해당 단백질을 섭취하는 것으로는 직접적인 효과를 기대할 수 없다. 물론 그중 일부는 아미노산으로 분해된 뒤 단백질 합성에 도움이 되겠지만 말이다. 이런 이유로 선천적으로 인슐린 분비가 되지 않는 1형 당뇨병에 걸린 어린아이들도 반드시 하루에 몇 번씩 피부에 주사를 통해 인슐린을 주입하는 고통을 겪어야 한다. 인슐린도 단백질이기 때문이다.

### 열과 소화효소에 강한, 이상한 단백질

그런데 위에서 설명한 일반적인 단백질의 물리적 특성과 다른 양상을 보이는 단백질이 있다. 섭씨 100도 이상에서 몇 시간을 가열해도 구조가 파괴되지 않아 기능을 유지하고, 위에서 분비되는 소화효소로도 분해되지 않는 매우 안정적인 구조를 가진 단백질, 바로 2000년 초 전 세계를 공포로 몰아넣은 광우병의 원인인 '변형 프리온'이다.

뇌세포의 손실과 변성을 막는 프리온이라는 단백질이 돌연변이를 일으켜 변형 프리온이 되면 주변에 있는 정상 프리온을 빠르게 변형시킨다. 그리고 이 변형 프리온은 뇌 조직을 부분적으로 파괴시켜 마치 스펀지처럼 만들고 결국 사망에 이르게 만든다.

열과 소화효소에 강한 변형 프리온의 특성은 아무도 상상하지 못한 엄청난 비극을 야기했다. 광우병에 걸린 소의 특정 부위를 요리해

## 정상 프리온과 변형된 프리온

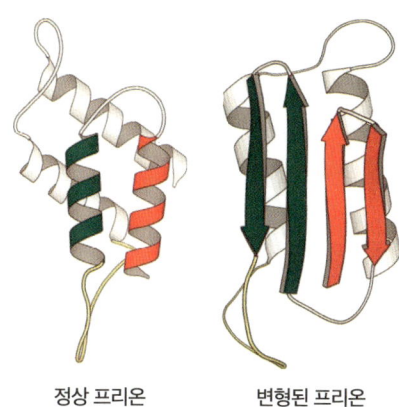

정상 프리온              변형된 프리온

출처: 《국제 학술연구 보고》

정상 프리온은 생체 내에서 신경세포를 보호하는 등의 순기능을 지닌다. 하지만 변형된 프리온은 크로이츠펠트-야코프병 등 신경퇴행성 질환을 유발한다.

서 먹은 사람들에게 광우병(변종 크로이츠펠트-야코프병variant Creutzfeldt-Jakob disease, vCJD)이 발병한 것이다. 변형 프리온은 광우병에 걸린 소의 내장이나 등골, 등골을 둘러싼 티본T-born 등에 집중적으로 위치해 있었다. 따라서 이 부위를 구이나 탕 등으로 가열하거나 요리해도, 체내 소화효소로도 분해되지 않고 병원성을 유지한다.

결국 1996년 최초의 인간 광우병 환자가 발생하면서 영국을 중심으로 약 200명 이상이 인간 광우병으로 사망했다. 여기서 짚고 넘어가야 할 문제가 있다. 바로 이 병이 어떻게 소 사이에서 확산되었고 어떻게 인간으로 넘어왔느냐는 것이다. 1970년대 말 영국에서는 소나 양의 사체나 도축 후 나온 부산물들을 소의 사료로 재가공해 사용했다. 문제는 광우병에 걸려 죽은 동물의 사체나 부산물까지도 사료의 원료로 사용한 것이었다. 그렇게 만들어진 사료를 섭취한 소들에서 광우병이 발병하는 사태가 벌어졌다. 그리고 주류 학계는 사람들이 그 소를 섭취한 것이 인간 광우병의 주요 원인으로 보고 있다.

알다시피 소는 초식동물이다. 그런데 사료 비용의 절감과 소의 성장 촉진을 위해 동물성 부산물을 사료에 혼합하는 관행이 생겨났고, 이로 인해 광우병이 빠르게 확산되어 인간에게까지 넘어온 것이다. 결국 원인은 인간의 욕심이었다. 자연의 섭리를 어기고 초식동물에게 동물성 사료를 먹인 결과가 인간 광우병이라는 재앙으로 돌아왔다.

## 내열 단백질이 코로나19로부터 인류를 구하다

하지만 열에 강한 단백질이 인류에 피해만 준 것은 아니다. 전 세계에서 7억 명이 넘는 사망자를 낸 코로나19 팬데믹에서 인류를 지키는 데 이 내열 단백질이 큰 역할을 했다는 사실을 아는 사람은 많지 않다.

코로나19 초기 감염병 확산을 막기 위한 가장 핵심 방역 대책 중 하나가 증상이 나타나지 않은 잠복기 상태의 감염자를 빠르게 분류해서 비감염자로부터 격리시키는 것이었다. 그러기 위해서는 코로나 바이러스의 유전자를 증폭시켜 감염을 진단하는 DNA 중합효소연쇄반응polymerase chain reaction, PCR이 필요하다. 면봉으로 코나 입안에서 수거한 아주 작은 양의 코로나19 바이러스의 유전물질인 RNA를 DNA로 바꾼 뒤, 이를 수백만 배로 증폭시켜 감염 여부를 초기에 확인할 수 있도록 하는 것이다.

중합효소연쇄반응을 일어나게 하려면 DNA 중합효소라는 것이 반드시 필요한데 이 과정에서 섭씨 80도 이상의 고온 처리가 이뤄져야 한다. 따라서 일반적인 중합효소를 사용하면 반응 과정에 계속해서 효소가 파괴돼 효소를 새로 넣어줘야 하는 문제가 발생한다. 80도 이상의 고온에서는 일반 효소들이 버티지 못하기 때문이다.

이 문제를 해결하기 위해 과학자들은 화산지대 온천에 살고 있는 초고온성 미생물로부터 열에 강한 내열성 DNA 중합효소를 뽑아냈다. 그리고 이를 중합효소연쇄반응에 사용해 반응 성공 확률을 높이고 빠르고 정확한 DNA 증폭이 가능해졌다. 코로나19 팬데믹 시절, 각종 미디어를 통해 귀가 따갑도록 들었던 PCR 검사가 바로 이 중합효소연쇄반응을 이용한 것이다. 열에 강한 단백질이 인류를 구한 셈이다.

# 알비노,
# 축복일까 저주일까?

**팔다리가 잘려 나간 아이들**

2023년 3월 아프리카 중부 콩고민주공화국에서 다섯 살 남자아이가 살해된 채 발견됐다. 특이한 점은 머리와 양다리가 절단되어 사라진 것이었다. 탄자니아에서는 매년 수십 명의 신체 일부가 잘려져 사라지는 일이 벌어지는데, 범인을 잡고 보면 가족이나 가까운 이웃인 경우가 종종 있다. 그 이유는 팔과 다리는 7,000만 원, 시신 1구는 1억 원에 거래되기 때문이다. 이런 이유로 아빠가 자식을, 남편이 부인을 돈벌이 수단으로 살해하거나 팔다리를 자르는 끔찍한 일이 지구 반대편에서 지금도 일어나고 있다.

이런 기괴하고 충격적인 범행은 원한 관계 등에 의해서 발생하는 것이 아니다. 백색증albinism을 갖고 있는 '알비노'에 대한 잘못된 믿음 때문에 벌어진다. 탄자니아 등 일부 아프리카에서는 오래전부터 전신이 흰 알비노 환자의 신체를 가지고 있으면 부자가 된다고 믿어왔다. 그래서 알비노의 신체를 먹으면 AIDS(후천성면역결핍증증후군)가 낫고 알비노의 머리카락을 그물에 넣으면 물고기가 잘 잡힌다는 등의 미신도 만연하다. 그래서 죄 없는 알비노 환자들이 동족인 인간에게 사냥당하고 있는 것이다.

서양에서는 알비노 환자에 대한 대우가 극과 극으로 달랐다. 운이 좋아서 눈 색깔이 붉은색이 아닐 경우에는 '별의 아이'라고 칭송받았지만, 붉은 눈을 가졌으면 '악마의 아이'가 되어 멸시받고 마녀사냥을 당했다.

### 알비노 동물들의 수난

호주 해안에서 매년 목격되는, 전 세계에서 가장 유명한 흑등고래의 이름은 미갈루Migaloo다. 원주민어로 '하얀 친구'라는 뜻이다. 1991년 호주에서 처음 발견된 이 흑등고래는 온몸이 흰색인 알비노였다. 호주 원주민들은 온몸이 흰 흑등고래를 신비하게 여겼다. 우리 선조들도 흰색의 동물을 귀하게 여겼다. 백사, 백마, 백록 등은 인간에게 길한 영물로 여겨진다.

하지만 알비노 동물들의 삶도 순탄치만은 않다. 우리의 눈에는 그저 신비하고 화려해 보이지만 알비노는 선천적으로 햇빛에 약해 피부암 등에 잘 걸리며 시력도 좋지 않다. 야생에서는 보호색을 띠지 못해

## 다양한 동물들에게서 발견되는 알비노 현상

알비노 현상은 다양한 동물들에게서 발견된다. 알비노 동물들은 멜라닌 색소가 선천적으로 결핍된 유전 질환으로 피부, 털, 눈 등이 하얗거나 분홍빛을 띤다. 희귀하고 신비로운 외모 때문에 일부 문화권에서는 특별한 존재로 인식되어 숭배되기도 했지만 다른 일부 문화권에서는 불길하다는 이유로 배척당하기도 했다.

초식동물은 천적의 먹잇감이 되고 육식동물은 사냥감의 눈에 쉽게 노출돼 먹이를 구하지 못한다.

심지어 흰뱀은 희귀한 보약으로 여겨져서 밀렵꾼들 사이에서는 마리당 1억 원에 거래된다고 한다. 스노플레이크Snowflake란 애칭으로도 유명했던 알비노 고릴라는 중앙아프리카 적도 기니에서 1966년에 처음 발견되었는데, 상품성을 알아본 사람들은 두 살로 추정되는 흰색 아기 고릴라를 포획하기 위해 함께 있던 고릴라 무리를 모두 사살

했다. 가족을 잃고 생포된 아기 고릴라는 결국 스페인 바르셀로나 동물원에 팔려 가게 된다. 스노플레이크는 전 세계적인 관심과 사랑을 받기도 했지만 철장 안에서 40여 년간 갇혀 지내다 피부암 진단을 받고 고통 속에서 결국 2003년 안락사로 삶을 마감했다.

## 저주받은 흰색이 인류를 구하다

알비노는 '하얗다'라는 뜻의 라틴어 'albus(알부스)'에서 유래됐다. 이 현상은 머리카락이나 피부색을 검게 만드는 멜라닌 색소가 체내에서 만들어지지 않아서 발생한다. 멜라닌은 필수아미노산인 티로신의 대사 과정에서 만들어진다. 그런데 선천적으로 티로신 대사에 반드시 필요한 효소 타이로시네이즈tyrosinase가 결핍되면 멜라닌 형성에 장애가 생기면서 알비노가 나타난다. 그래서 머리털뿐만 아니라 피부, 눈썹까지 흰색으로 변하며 눈 역시 홍채에 색소가 없어 눈의 혈관이 그대로 비쳐 붉은 눈이 된다.

즉 알비노는 티로신이라는 아미노산 하나가 멜라닌 색소로 대사되지 못해 발생하는 현상이다. 이로써 충격적인 살인과 수많은 희생자가 발생하기도 했지만, 역설적으로 알비노는 오늘날 인류의 생존과 건강에 지대한 역할을 하기도 했다. 예를 들면 우리가 잘 알고 있는 실험쥐가 바로 알비노다.

과학자들은 19세기 말부터 특정 물질의 독성이나 효과를 확인하기 위해 실험 동물을 사용해왔는데, 이때 흰쥐가 생명과학 실험용으로 가장 많이 사용되었다. 흰쥐는 피부와 털이 흰색이어서 혈관을 관찰하거나 주사를 놓을 때 용이하며 건강상의 문제나 감염 등이 발생했을 때도 쉽게 식별할 수 있다는 장점을 가진다. 또한 번식률도 좋고 성장도 빨라서 면역, 약물 실험 등 다양한 실험에 사용된다.

안타깝게도 이 흰쥐는 우리나라에서만 1년에 약 400만 마리가 인간을 위해 희생된다. 아직은 이를 대신할 만한 대체 기술이 개발되지 않았지만, 최근에는 AI 기반 약물 모델링 기술을 사용하거나 오가노이드organoid(줄기세포와 조직공학 기술로 만든 장기유사체)를 활용해 동물실험을 대체하는 연구도 이뤄지고 있다. 기술과 인공 장기로 신약의 안전성과 유효성을 평가할 수 있게 해서 더 이상 동물이 희생당하지 않아도 되는 세상을 만들겠다는 것이다. 이 실험이 하루빨리 도입되어 전 세계 수많은 귀중한 생명이 더 이상 인간을 위해 희생되지 않기를 기원한다.

# 범인을 잡는 보라색

### 범인은 반드시 '아미노산' 흔적을 남긴다

"한적한 마을에 흉악 범죄가 발생했다. CCTV가 없는 범행 현장에서 유일하게 발견된 물건은 범인이 사용한 듯한 A4 종이 한 장뿐이다. 범인을 빠르게 특정하기 위해서는 지문감식이 필수인데 과연 A4 종이에 남겨진 범인의 지문을 감식할 수 있을까?"

범죄 추리물 같은 TV 프로그램에서 자주 볼 수 있는 질문이다. 대표적인 지문감식법인 '분말법'은 미세한 가루를 묻힌 붓으로 범행 현장 여기저기를 문질러 지문을 드러나게 한다. 하지만 손가락 피지선에서 나온 기름 성분이 만들어낸 지문을 찾는 방식이기 때문에 평평하고 매끄러운 물체일 경우에만 유효하다. 위의 질문에 등장한 A4 종이 같은 물체는 기름을 흡수해버려 분말법으로는 지문을 얻을 수 없

## 닌히드린 반응을 통한 지문 검출

지문은 주로 땀으로 남는데 땀에는 다양한 아미노산이 포함되어 있다. 닌히드린은 이 아미노산과 선택적으로 반응해 보라색을 만들어낸다.

다. 그러면 A4 종이 한 장만을 현장에 남긴 흉악범은 결국 잡지 못하는 걸까?

손으로 어떤 물체를 만졌을 때 그 물체에는 손의 피부에 있는 내분비선에서 나오는 분비물 때문에 흔적이 남게 된다. 이 분비물에는 기름뿐만 아니라 당, 요소, 아미노산 등 유기물도 포함되어 있는데 과학자들은 그중에서도 바로 아미노산에 집중했다.

1910년 영국의 화학자 지그프리트 루히만Siegfried Ruhemann은 닌히드린ninhydrin이라는 화합물을 처음으로 합성했는데, 이 화합물은 특이하게도 아미노산과 반응하면 '루히만 퍼플Ruhemann's purple'이라고 불리는 보라색을 형성한다. 아무것도 보이지 않던 곳이 서서히 보라색으로 선명해지는 것이다.

닌히드린과 아미노산의 이 같은 특징은 범인을 잡는 데 아주 중요한 역할을 할 수 있다. 시간이 많이 흘러 지문이 있는 물체에 기름 성분이 말라 미세 가루가 묻지 않거나, 종이나 섬유 등에서 지문을 감식할 때 닌히드린 용액을 에어로졸 상태로 분무해 아미노산을 보라색으로 변화시켜 지문을 채취하는 것이다. 이것이 '액체법'이라 불리는 지문감식 방법이다.

범인은 범행 현장에 반드시 아미노산을 남긴다. 바로 이 아미노산 덕분에 그동안 분말법으로는 찾지 못한 수많은 범인을 특정할 수 있게 되었다. 피해자의 고통을 좀 더 보듬기 위해서라도 빠르게 범인을 특정해야 하는 범행 현장 수사 요원들에겐 범인의 지문을 마법처럼 나타나게 해주는 루히만 퍼플이야말로 그 어떤 색보다 아름답게 보이지 않을까 싶다.

### 빛나는 단백질

범죄 영화를 보면 지문감식을 위해 CSI가 새겨진 조끼를 입은 과학수사관들이 문고리나 탁자 등에 분말이 묻은 붓을 톡톡 치는데, 이때 사방으로 미세한 가루가 흩날리는 장면을 본 기억이 있을 것이다. 영상미가 화려한 장면이지만 과학수사관들에게는 매우 위험한 장면이기도 하다. 범죄 현장에서 범인의 증거를 수집하는 수사관들이 독성 화합물에 노출되어 암 등 다양한 건강상 심각한 문제가 발생할 수 있다는 주장이 제기되었기 때문이다.

분말법에 사용되는 분말류는 숯가루나 알루미늄으로 만드는데,

밀가루의 100분의 1 크기로 입자가 작고 접착력이 강해 코나 입으로 흡입할 경우 매우 위험하다. 액체법에 사용하는 시약도 닌히드린과 아세톤을 혼합한 것이어서 유독가스와 함께 고온으로 열처리하면 폭발을 일으킬 가능성도 있다. 한마디로, 범인을 잡기 위해 독을 마시고 폭탄을 뿌린다고 해도 과언이 아니다.

이런 이유로 최근에는 해파리에서 추출한 천연 형광물질인 GFP green fluorescent protein(녹색 형광 단백질)를 이용해 생체 독성도 없고 지문 감식 능력도 뛰어난 시약이 개발되고 있다. 이제 GFP는 전 세계 실험실에서 가장 많이 사용하는 단백질이 아닐까 싶다.

GFP 발견 이전에 과학자들은 세포 내 다양한 단백질이 어떻게 상호작용을 하는지 알지 못했다. 백문이 불여일견이라고, 눈으로 직접 확인하지 못했기에 질병의 원인을 찾거나 치료제를 개발하는 데 한계가 있었다. 하지만 GFP가 발견되어 생명과학계에 또 한번의 혁명이 일어났다. 세포가 살아 있는 상태에서 특정 단백질의 발현 위치와 이동, 분해를 눈으로 관찰할 수 있게 된 것이다.

예를 들어 암을 유발하는 것으로 의심되는 특정 단백질에 GFP를 꼬리표처럼 붙여놓으면 형광색을 띠게 된다. 그러면 이 형광빛을 따라 특정 단백질이 어디로 이동하고 어떤 작용을 하는지 눈으로 확인할 수 있다.

이 '빛나는 표지glowing marker'의 탄생은 2008년 GFP를 처음 발견한 시모무라 오사무下村脩에게 노벨 화학상을 안겨주었다. 시각화 도구

## GFP 유전자로 형질전환된 대장균

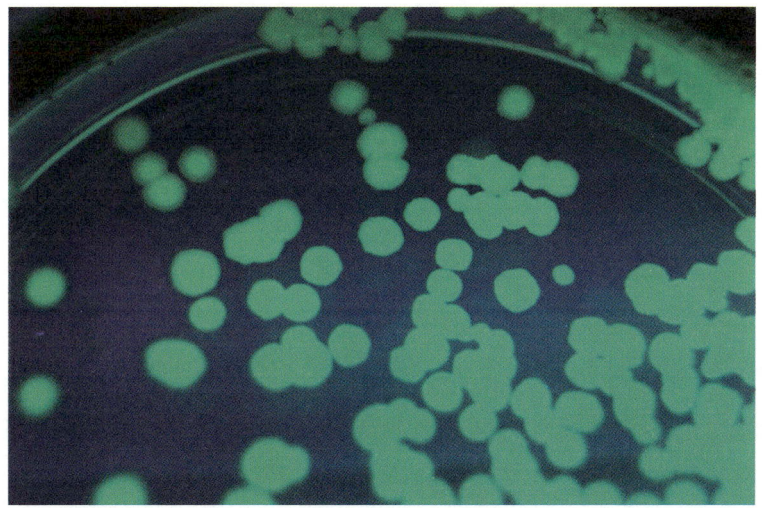

해파리에서 추출한 GFP는 다양한 생명과학 실험에서 광범위하게 사용되고 있다. 이 단백질은 주로 395nm(자외선)의 빛 파장을 흡수해 509nm의 녹색 형광 파장을 방출하는데, GFP 발현 유전자를 형질전환 실험법을 이용해 대장균에 넣어주면 GFP가 발현하면서 자외선 하에서 녹색 형광을 띄게 된다. 이 같은 원리를 이용해 세포 내의 특정 단백질 발현을 확인하거나, 살아 있는 세포 혹은 생명체 안에서 특정 단백질이 어떻게 이동하는지 경로를 추적할 수 있다.

이자 리포터 단백질, 생체 표지자로 실험실에서 널리 사용되고 있는 GFP가 이제는 범인도 잡고 수사관의 건강도 지켜주는 또 다른 혁명을 이뤄낼지 주목된다.

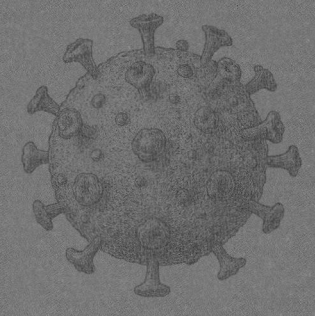

5장

# 바이오 혁신과 생명의 미래

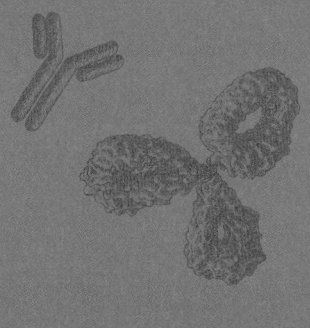

THE
PROTEIN
REVOLUTION

# 실험실에서 만든 고기의 맛은 어떨까?

**세계에서 가장 비싼 햄버거**

2013년 영국 런던에서 언론인과 식품업계 관계자, 과학자 등 200여 명이 참석한 가운데 햄버거 시식 행사가 열렸다. 이날 행사는 BBC에 방송되는 등 전 세계의 이목이 집중된 가운데 열렸는데, 세간의 관심에 비해 TV 화면 속 햄버거는 너무나도 평범했다. 유일하게 다른 점이 있다면 햄버거에 들어가는 패티가 약 3억 3,000만 원짜리였다는 것이다.

역사상 가장 비싼 햄버거를 시식한 사람들은 "햄버거 패티의 육즙이 조금 약하지만 질감은 완벽하다", "고기와 비슷하다" 등의 시식 평을 남겼다. 그리고 이날 행사는 인류가 그동안 이어온 먹거리 생산 법칙을 바꾸는 시발점이 되었다. 왜냐하면 이 햄버거에 들어간 패티가 네덜란드 마스트릭트대학교의 마크 포스트Mark Post 교수가 약 3개월에 걸쳐 실험실에서 키운 2만여 개의 소 근섬유로 만들어진 배양육이었기 때문이다.

### 인류는 언제부터 고기를 먹었을까?

고대 인류에게 동물 사냥은 생존을 위한 절대적 생활 수단이었다. 신석기 시대에 접어들어 농업혁명이 일어나기 전까지 250만 년이 넘는 긴 시간 동안 인류는 동물과 물고기를 잡아 단백질을 섭취하며 생존했다. 농업혁명 이후에는 특정 동물들을 가축으로 직접 키워서 먹고 여기서 더 나아가 공장식으로 가축을 키워 고기를 파는 사람들도 나타났다.

이렇듯 인류는 지구에 처음 등장한 이래로 고기를 통해 단백질을 섭취해왔다. 현대 인류의 고기 사랑은 어쩌면 생존을 위해 유전자가 우리의 입맛을 그렇게 만들어놓은 것이 아닌가 싶기도 하다. 하지만 인구가 기하급수적으로 늘어나면서 인류에게 단백질을 제공하기 위한 가축의 생산도 1961년 7,057만 톤에서 2020년 3억 3,718만 톤으로 급증했다. 그리고 2050년에는 지금의 두 배로 늘어날 것으로 전망된다. 이렇게 가축 생산이 증가하면서 환경적·윤리적·위생적 문제도 따라서 커지고 있는 실정이다.

### 단백질 공급을 위해 고통받는 가축들

축산업은 지구 온난화의 주범인 온실가스를 엄청나게 배출한다. 유엔UN 산하의 세계식량농업기구FAO는 축산업이 전 세계 온실가스 배출량의 약 15퍼센트를 차지하는 것으로 추정한다. 특히 소 사육 시 나오는 온실가스(소의 트림과 방귀)는 전체 축산업이 배출하는 온실가스의 60퍼센트를 차지한다. 여기에 가축의 배설물로 인한 토지 및 수질 오염, 가축 먹이인 사료 작물 재배를 위한 산림 훼손, 담수 사용 등이 더해지면서 이제 축산업은 환경 파괴의 주범으로 몰리고 있다.

더불어 가축 학대라는 측면에서 동물의 권리를 보장해야 한다는 공감대도 형성 중이다. 좁고 비위생적인 공간에서 공장식으로 키워지는 것은 차치하고라도, 매년 70억 마리(전 세계 인구와 맞먹는 수)의 수컷 병아리는 태어난 지 30시간도 되지 않아 분쇄기로 들어가 처참하게 도살당한다. 성장 속도도 느리고 알도 낳을 수 없다는 이유에서다.

이뿐만이 아니다. 거위나 오리는 간에 지방이 많이 생기도록 좁은 철장에 가두고, 부리에 호스를 연결해 사료를 억지로 먹여 자연 상태의 10배 크기인 푸아그라를 만들기도 한다. 바다에서는 상어를 잡아 지느러미만 잘라내고 맛이 없는 상어 몸통은 바다에 버리는데, 이렇게 버려진 상어는 헤엄을 치지 못해 결국 질식해 죽는다.

### 실험실에서 고기를 만들다

이와 같은 환경적·윤리적 문제를 해결하기 위해 고안된 것이 배양육이다. 배양육은 간단하게 말하면 가축을 도축해서 얻은 것이 아니라 동물의 세포를 배양 시설에서 키워서 만들어낸 인공 고기다.

배양육의 아이디어는 사실 오래전부터 있어왔다. 영국 총리를 지낸 윈스턴 처칠은 1932년 한 잡지에 〈50년 뒤의 세계Fifty Years Hence〉라는 기고문에서 "닭가슴살이나 닭날개를 먹기 위해 닭을 통째로 키우는 것은 비효율적이며 미래에는 부위별로 키우게 될 것"이라고 전망했다. 미국 항공우주국NASA은 오래전부터 우주비행사들이 아주 먼 우주를 여행하거나 장기간 우주에 머물게 되는 상황에 대비해 우주 식량 개발 목적으로 배양육을 연구했다. 그리고 20세기에 들어 인구 증가와 저개발 국가의 육류 소비가 증가함에 따라 전 세계적으로 본격적인 배양육 개발이 시작됐다. 이미 전 세계 약 150개 기업이 이 배양육 시장을 선점하기 위해 노력 중이다.

가장 먼저 개발된 배양육은 소고기다. 돼지와 닭에 비해 사육 기간도 길고 환경에 미치는 악영향도 가장 크기 때문이다. 이후 닭과 돼지 배양육이 차례로 개발됐다. 프랑스에서는 푸아그라 배양육을 연구 중이고 우리나라에서는 생선과 새우 배양육을 개발하고 있다. 호주의 한 업체는 매머드 배양육을 공개해 화제를 모으기도 했다. 여기서 한 걸음 더 나아가, 배양한 소고기 근세포를 3D 프린팅 기술을 이용해 포화지방산 대신 오메가3로 마블링을 만든다든지, 달걀, 우유 및 유제품을 생산하는 등 배양육의 품목도 확장하고 있다.

농촌경제연구원은 배양육을 기존 축산업과 비교했을 때 토지 사

**배양육이 만들어지는 과정**

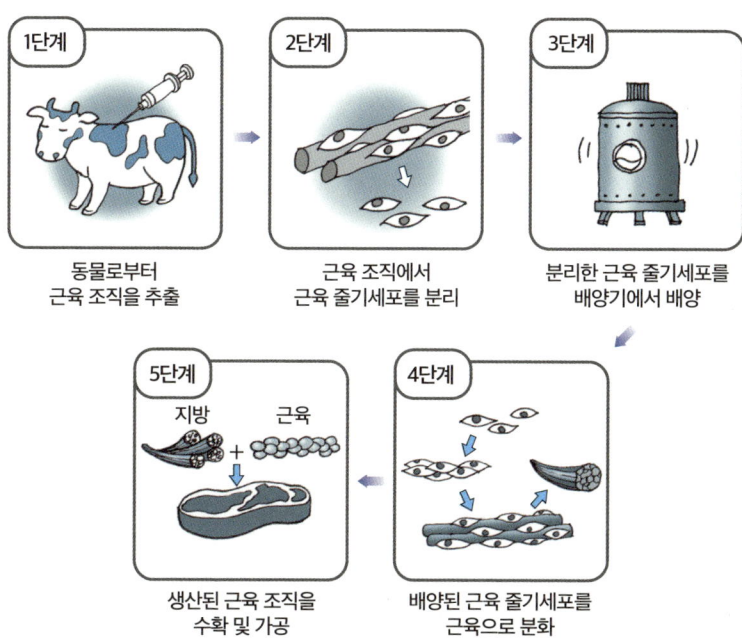

배양육을 만드는 과정은 크게 5단계로 이뤄지는데 생명과학 실험실에서 그동안 해온 세포 배양과 크게 다르지 않다. 다만 사람들이 먹을 수 있을 만큼 대량으로 배양한 후 고기와 비슷한 식감과 외형을 만드는 과정이 다를 뿐이다.

용량은 99퍼센트, 온실가스 배출량은 96퍼센트, 에너지 소비량은 45퍼센트 줄어들 것으로 전망한다. 배양육 기술이 하루빨리 현실화되어 우리가 살아가는 환경을 지키게 되길 바란다. 또한 매년 70억 마리의 병아리가 수컷이라는 이유로 도살당하지 않으며 수많은 상어가 지느러미 때문에 바다에서 질식해 죽지 않는 세상이 오길 바란다.

### 음식을 넘어 의료 기술로

그런데 전 세계 수많은 기업이 단지 지구 환경을 지키고 가축에 대한 학대를 멈추기 위해 천문학적인 비용과 인력을 동원해 배양육을 개발하는 것일까? 사실 배양육 기술 개발의 뒤에는 의료 산업으로의 활용이 기다리고 있다.

현재 의료계에서는 심장병이 생기면 심장을 그대로 본떠 만든 인공심장을 이식하고 몇 년에 한 번씩 심장을 뛰게 하는 배터리를 교체해준다. 나이가 들어 무릎 연골이 마모되면 세라믹 등으로 만든 인공관절로 치환한다. 사고로 팔이나 다리가 절단되면 의수나 의족을 달고 생활한다.

이렇듯 인체와 기계가 결합된 인간을 '사이보그$_{cyborg}$'라고 한다. 사이보그는 과거 공상과학 영화나 애니메이션에 흔히 등장하던 소재였다. 1931년 메리 셸리$_{Mary\ Shelley}$의 소설을 원작으로 한 영화 〈프랑켄슈타인〉이나 1987년 개봉했던 〈로보캅〉, 1995년 극장판 애니메이션 〈공각기동대〉, 2017년 〈저스티스 리그〉 속 사이보그들은 인간을 월등하게 뛰어넘는 신체 능력을 보인다.

하지만 영화는 영화일 뿐, 안타깝게도 현대 과학기술은 우리가 태어날 때부터 가지고 있던 각종 장기와 신체 부위의 기능을 완벽하게 재현하지는 못한다. 우리 몸에서 손상된 부위를 완벽하게 복구하려면 우리 몸과 동일한 유전자를 가지고 우리 몸이 거부하지 않고 기능도 회복할 수 있는 소재가 필요하다.

그런데 앞서 살펴봤듯이 배양육을 만들기 위해서는 근육에서 근육 줄기세포를 분리하는 기술, 근육 줄기세포를 배양하는 기술, 근육 세포를 만들고 이를 3D 프린터를 이용해 구조를 만드는 기술 등이 필요하다. 이 모든 기술은 사실 완벽한 인공장기를 만드는 데 근간이 되는 핵심 기술들이다. 즉 배양육을 만드는 기술이 좀 더 고도화되면 심장이나 간 등 인공 장기를 비롯해 궁극적으로는 팔, 다리 같은 신체 일부를 인공적으로 만드는 기술로 발전할 수 있다. 이런 배경에서 보면 배양육 개발 기술은 단순히 대체 먹거리를 만드는 것이 아니라 미래 의료의 틀을 통째로 바꾸는 첫걸음이 될 것이다.

# 우주에서 전해준 생명의 기원

**로제타, 우주의 미스터리를 풀기 위해 떠나다**

2004년 3월 2일 유럽우주기구ESA가 13억 유로(약 1조 6,000억 원)를 들여 만든 첫 혜성 탐사선 로제타Rosetta가 지구를 출발해 우주로 날아올랐다. 로제타는 고대 이집트의 상형문자 등을 푸는 데 결정적인 열쇠가 된 로제타 스톤에서 유래한 이름으로, 인류가 아직 풀지 못한 우주의 미스터리를 풀어내겠다는 인류의 염원을 담은 우주선이었다.

각종 첨단 분석 장비를 장착한 로제타는 10년 6개월 동안 우주 공간을 65억 킬로미터나 날아서, 시속 6만 6,000킬로미터로 움직이는 혜성 '67P/추류모프-게라시멘코Churyumov-Gerasimenko, 67P'의 궤도에 2014년에 안착했다. 그리고 성공적인 이동을 위해 태양계의 행성과 소행성 등의 중력을 이용해 속도를 감속 및 가속하는 플라이바이fly-by

#### 인류 최초의 혜성 탐사선 로제타

1969년 구소련의 과학자가 처음 발견한 혜성 67P(오른쪽)와 태양을 중심으로 공전하는 혜성을 관찰하기 위한 인류 최초의 탐사선 로제타(왼쪽)와 탐사로봇 파일리Philae(가운데).

비행법을 수차례 이용했다.

과학자들이 이렇게 엄청난 비용과 노력, 시간을 들여 혜성 67P를 탐사하려 한 이유는 이 혜성이 46억 년 전 태양계가 막 형성됐을 때의 모습을 그대로 유지하고 있기 때문이다. 이들은 탐사를 통해 태양계의 진화 과정과 생명의 기원을 밝힐 실마리를 찾을 수 있을 것으로 기대했다.

### 뜻밖에 찾은 생명의 기원

과학자들이 수십 년 동안 가장 궁금해했던 것은 '지구의 그 많은 물은 대체 어디서 왔을까?'였다. 지구는 태양과 가까이 있는 행성이라서 원시 지구에는 충분한 물과 얼음이 없었을 것으로 추측했기 때문이다. 이런 이유로 많은 과학자가 물을 가진 혜성이 지구와 충돌하면서 물을 가져왔을 것이라고 믿었다.

하지만 로제타가 분석 결과를 지구로 보내오면서 이 통설은 무참히 깨졌다. 67P를 둘러싼 대기에 있는 물을 분석한 결과, 지구의 물과는 다른 중수소 비율을 간직하고 있다는 것이 밝혀진 것이다. 이로써 물의 지구 밖 혜성 기원설은 힘을 잃었다.

그러나 미처 생각하지 못했던 뜻밖의 소식에 전 세계 과학자들이 크게 흥분했다. 놀랍게도 태양계 외곽을 떠도는 얼음덩어리에 불과한 혜성의 대기에서 아미노산 중 하나인 글라이신glycine 성분이 검출됐기 때문이다.

글라이신은 구조적으로는 가장 단순한 아미노산이지만 단백질을 만드는 핵심 원료일 뿐 아니라 생명체의 DNA를 구성하는 원료이기도 하다. 그동안 과학자들은 글라이신 같은 아미노산은 강력한 태양빛 속 자외선이 있어야 만들어진다고 생각했다. 때문에 빛이 없어 어둡고 차갑게 얼어 있는 혜성에서 글라이신이 합성될 것이라고는 생각하지 못했다. 하지만 로제타의 분석 결과 덕분에 혜성에서 아미노산이 합성된다는 다크 케미스트리dark chemistry가 입증된 것이다.

**혜성에서 발견된 글라이신**

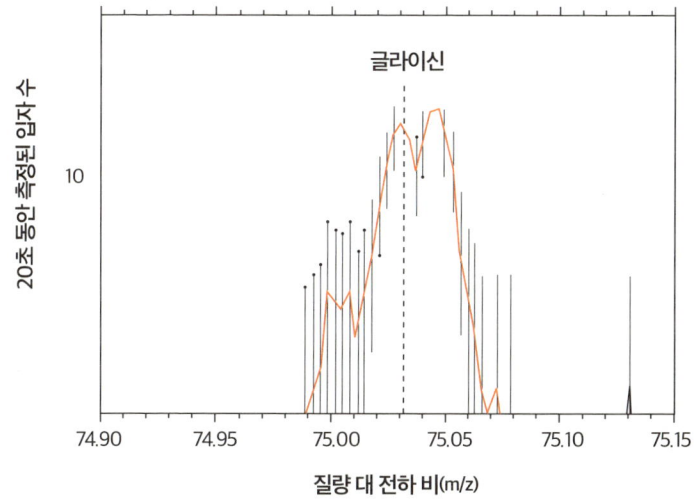

출처: 유럽우주기구

로제타에 장착된 질량분석기로 혜성 67P의 대기를 직접 분석한 결과 아미노산 글라이신이 발견됐다. 생명체의 혜성 기원설을 뒷받침할 수 있는 발견이었다.

### 지구의 생명체는 우주에서?

혜성에서 글라이신이 발견되면서 혜성이 생명의 씨앗인 아미노산을 지구에 전달했다는 가설에 더욱 힘이 실렸다. 이는 지구 생명체의 기원이 우주에서부터 시작되었음을 의미한다. 그동안 우리는 태양과 지구가 만들어진 이후에 지구 내에서 글라이신 같은 아미노산들이 만들어졌을 것이라 생각했다. 하지만 태양이 만들어지기 이전에도 이미 우주에는 우리 몸을 구성하는 글라이신과 같은 아미노산들이 존재하고 있었다는 이야기가 된다.

생명의 기원에 대한 많은 정보를 제공한 로제타는 2016년 9월 30일 오후 7시 40분(한국 시간)에 14년 6개월간 마치 짝사랑하듯 뒤만 쫓아다니던 혜성 67P 표면에 충돌해 생을 마감했다. 11만 6,000장의 사진과 데이터를 지구에 보냈으며 우주와 생명의 기원을 풀 열쇠를 인류에 전달한 업적을 남긴 채 말이다.

# 노벨 화학상 수상자가 된 인공지능

**인류, 바이러스와 전쟁을 선포하다**

전 세계를 죽음의 공포로 몰아넣은 코로나19의 존재가 처음 확인된 것은 2019년 12월 중국에서였다. 감염이 발생한 후 몇 개월 사이에 확진자와 사망자가 급속도로 증가하자 전 세계 과학자, 제약회사, 정부기관이 힘을 합쳐 백신 개발에 나섰다. 그로부터 약 11개월 후인 2020년 12월 11일 미국 FDA는 화이자 백신에 대한 긴급 사용을 승인했다. 속수무책으로 코로나19에 당하던 인류가 바이러스에 대응해 싸울 첫 번째 무기를 손에 넣은 것이다.

일반적으로 백신 개발에 평균 10년이 걸리는 것을 생각하면 매우 이례적인 속도였다. 이런 기적과도 같은 일이 벌어진 건 코로나19 초기에 전 세계 과학자들이 빠르게 대응했기 때문이다. 중국의 한 과학자가 코로나19가 발견된 지 약 한 달 뒤인 2020년 1월 10일에 게놈 정보 공유 플랫폼인 젠뱅크GenBank를 통해 코로나19의 유전체 정보를 전 세계에 공개했다. 그리고 과학자들은 이 유전체 정보를 이용해서 코로나19 병원체인 SARS-CoV-2의 단백질 구조를 빠르게 분석해 공유했다. 모두가 합심해 백신 개발에 필요한 연구를 진행하고, 이렇게 알아낸 정보를 신속하게 모두와 공유했기 때문에 그토록 빠른 백신 개발이 가능했던 것이다.

### 적을 알아야 싸워 이길 수 있다

앞에서 언급했듯이 단백질은 이를 구성하는 구조에 의해 고유 기능이 결정된다. 때문에 단백질의 정확한 구조를 파악하는 것은 그 기능을 파악하고 조절하기 위한 가장 중요한 요소라 할 수 있다.

코로나19 바이러스는 일반 생명체들과는 달리 DNA대신 RNA에 유전 정보를 담고 이를 단백질로 둘러싼 형태로 이뤄져 있었다. 따라서 이 코로나19 바이러스와 싸우기 위해 인류가 가장 먼저 알아야 했던 것 역시 코로나19 바이러스를 구성하는 단백질들의 3차원 입체구조를 정확하게 파악하는 것이었다.

코로나19 바이러스의 경우 표면에 스파이크 단백질spike protein들이 뾰족하게 솟아나 있다. 이 돌기들은 인간 세포 표면의 수용체와 결합해 세포 내로 바이러스를 침투시키는 감염을 위한 통로이자 안내자 역할을 한다. 따라서 스파이크 단백질의 모양을 정확히 파악해서 이

### 코로나19와 사스 바이러스의 스파이크 단백질 비교

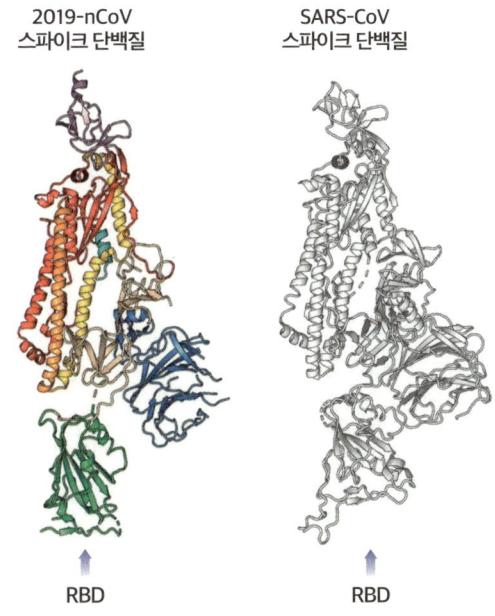

코로나19 바이러스와 사스 바이러스의 스파이크 단백질의 분자 구조를 비교해보면 매우 유사한 모습을 하고 있지만 세포 수용체와 결합하는 RBD 부분이 다르게 생긴 것을 확인할 수 있다. 이같은 차이가 코로나19의 빠른 전파를 초래했다. RBD는 'receptor binding domain'의 약자로 인간 세포막에 있는 수용체에 결합하는 단백질 부위를 의미한다.

단백질들이 제 기능을 하지 못하게 하면 바이러스 감염을 원초적으로 막을 수 있다. 바로 이 원리가 백신 및 치료제 개발의 시작이자 핵심 열쇠였다.

과학자들은 코로나19 바이러스의 구조를 빠르게 분석했다. 그리고 이 바이러스가 2002년 세계를 공포의 속에 몰아넣었던 사스 SARS(중증급성호흡기증후군)와 흡사하지만 인간의 체내 세포와 더 강하게 결합하고 더 빠르게 침투 가능한 구조를 가지고 있다는 것을 확인했다.

이 같은 정보를 활용해 과학자들은 무려 11개월 만에 코로나19 백신을 개발하기에 이른다. 인류 역사상 처음으로 개발된 mRNA 백신은 코로나19 바이러스의 특정 유전 정보를 사용하는데 어떤 유전 정보를 사용하는지가 백신 성공의 핵심 요소였다. 과학자들은 단백질 구조를 분석한 내용을 바탕으로 인간 세포와 결합하는 부분의 단백질 유전 정보를 mRNA 백신에 넣음으로써 인체가 면역 반응을 효과적으로 유도하도록 디자인할 수 있었다.

### 단백질 구조를 알기 위한 노력들

현재 임상 현장에서 사용되고 있는 대부분의 약물들은 체내 단백질을 타깃으로 작용한다. 이런 이유로 과학자들은 질병을 유발하는 단백질의 구조를 파악함으로써 질병의 발생 기전을 정확하게 이해하고 이를 바탕으로 치료제를 개발하기 위해 치열하게 연구해왔다. 실제로 블록버스터 의약품인 신종플루 치료제 타미플루와 발기부전 치료제 비아그라 등은 질병 관련 타깃 단백질들의 구조가 규명되면서 개발된 것이다.

하지만 단백질의 3차원 입체 구조를 알아내는 방법은 쉽지 않다.

그동안 핵자기공명nuclear magnetic resonance(2002년 노벨 화학상), X선 결정X-ray chrystography(1962년 노벨 화학상), 극저온 전자현미경cryoelectron microscopy(2017년 노벨 화학상) 분석법 등을 통해 많은 단백질이나 단백질복합체들의 구조들이 규명되어왔지만 실험 장비를 구축하고 실제로 실험을 수행하기까지는 여전히 엄청난 비용과 시간, 그리고 노력이 필요하다.

예들 들어 X선 결정학을 이용하기 위해서는 강력한 X선 광원이 필요한데, 이 광원을 만들기 위해서는 방사광속기synchrotron radiation라는 대형 장비가 반드시 필요하다. 2028년 운영을 목표로 청주 오창 일원의 15만 제곱미터의 터에 설치되고 있는 4세대 방사광속기 구축 비용은 약 1조 원에 이른다.

이런 시설과 장비들은 개인 연구자 수준에서는 갖추기 어려우며 국가적인 지원이 필수적이다. 설사 이런 인프라를 갖춘다 하더라도 남은 문제가 산적해 있다. 첨단 기술과 장비를 이용하기 위해서는 해당 단백질을 분석 가능한 수준으로 생산하고 분리, 정제해야 하는데 이 과정이 적게는 수개월, 많게는 수년도 걸리기 때문이다. 어떤 단백질은 십수 년 동안 노력해도 물질의 특성 때문에 원하는 양과 순도를 얻지 못하는 경우도 허다하다.

### 단백질 구조 분석에 집단지성을 동원하다

과학자들이 첨단 기법을 이용해 단백질 구조 분석에 땀을 흘리는 동안, 전통적인 생명과학이 아닌 전혀 다른 영역에서 단백질 구조 예측을 위한 새로운 해법이 탄생하고 있었다. 2011년 9월 과학 저널 《네이처 구조분자생물학Nature Structural & Molecular Biology》에 무려 5만 7,000명이 저자로 기록된 이상한 논문이 실렸다. 바로 「단백질 접기 게이머들이 풀어낸 단량체 레트로바이러스 프로테아제의 결정 구조 Crystal structure of a monomeric retroviral protease solved by protein folding game players」였다.

당시 에이즈 치료제 개발을 위해 프로테아제protease라는 효소의 단백질 구조를 파악하는 것이 절실했는데 15년 넘게 온갖 방법을 이용해도 구조를 풀지 못하고 있던 상황이었다. 진퇴양난의 답답한 상황을 타개하기 위해 미국의 한 연구진이 '집단지성'의 힘을 이용할 것을 제안했다. 대중에게 단백질 접힘의 기본 원리를 알려주고 단백질 퍼즐을 풀게 함으로써 그동안 풀지 못했던 단백질 구조를 마치 게임하듯 예측하는 플랫폼을 만든 것이다.

일부 과학자들의 불신을 비웃듯 전 세계의 게이머들은 단 3주 만에 과학이 오랫동안 풀지 못했던 프로테아제 효소 구조를 마치 퍼즐 맞추듯 풀어냈다. 이것이 바로 단백질 구조를 집단 지성으로 예측하는 '폴드잇Foldit'이라는 온라인 퍼즐 비디오 게임이다.

과학자들의 이런 다양한 노력에도 불구하고, 지구상에 존재할 것으로 알려진 약 2억 개의 단백질 중 현재까지 구조를 분석한 단백질은 겨우 16만여 개에 불과하다. 문제는 이 단백질의 구조 규명이 시

## 온라인 게임으로 풀어낸 단백질 구조

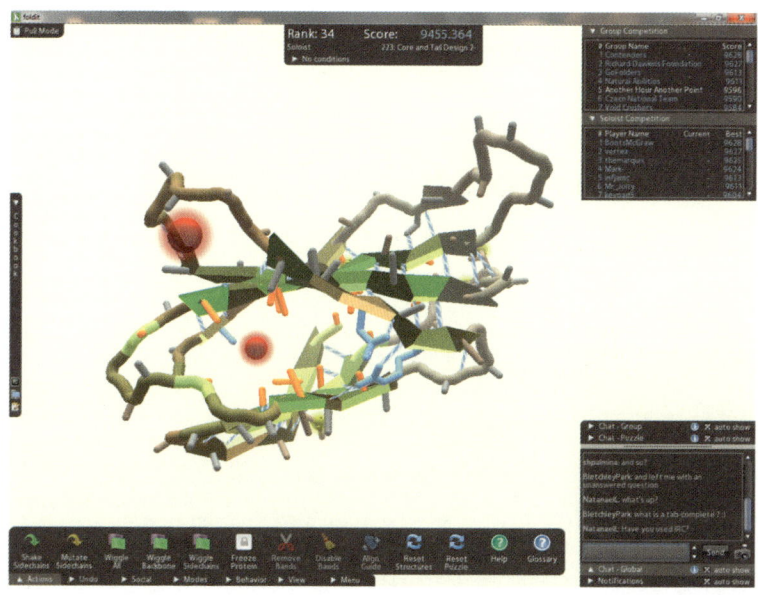

누구나 단백질을 접는 퍼즐을 풀면서 실제 과학 연구에 기여할 수 있도록 만든 온라인 과학 게임 폴드잇의 화면. 게임 참여자는 마우스로 단백질 구조를 조작해 에너지가 가장 낮은 접힘 구조를 찾아내는 과정에서 단백질 구조를 예측한다.

급하다는 점이다. 지구 온난화로 영구 동토층이 녹아내리고 있고 도시 및 산업 확장이라는 명목 아래 야생동물 서식지가 빠르게 파괴되고 있다. 이에 과학자들은 그동안 우리가 경험하지 못했던 새롭고 파괴적인 전염병의 창궐을 경고했는데 실제로 이 경고들이 점점 현실로 나타나고 있다.

이런 위협 앞에 인류가 질병으로 인해 멸종하지 않고 생존하기 위해서는 단백질 구조를 빠르게 분석할 수 있는 방법을 하루빨리 찾아내야 한다. 그리고 과학자들은 드디어 단백질 구조 분석에도 인공지능 기법을 활용하기 시작했다.

### 집단지성에서 인공지능으로

인공지능은 이미 인간이 예측하는 한계를 넘어선 지 오래다. 지금으로부터 약 10년 전, 2016년 3월 9일 대한민국 서울에서는 전 세계인의 관심이 집중된 세기의 대결이 벌어졌다. 바로 대한민국의 이세돌 9단과 구글 딥마인드가 개발한 인공지능 '알파고AlphaGo'의 바둑 대국이 열린 것이다. 전문가들은 체스나 오셀로 같은 게임들과는 다르게 바둑은 게임의 전개가 다양하고 복잡해서 아직은 인공지능이 인간을 넘어설 수 없다고 예측했다. 그리고 이세돌 9단 역시 승리를 확신했다. 하지만 최종 결과는 알파고가 4승 1패로 승리했다.

바둑을 정복한 구글 딥마인드는 좀 더 복잡하고 어려운 새로운 영역을 찾아 나섰다. 그들이 다음 정복을 위해 선택한 것은 지난 50년 동안 생물학의 가장 큰 도전 과제인 단백질 구조를 예측하는 것이었다. 구글 딥마인드가 개발한 인공지능 기반 단백질 3차 구조 예측 프로그램 알파폴드AlphaFold는 2018년 12월 멕시코 칸쿤에서 열린 단백질 구조 예측 대회The Critical Assessment of protein Structure Prediction, CASP에서 처음 그 모습을 드러냈다.

CASP 조직위원회는 이미 구조가 분석된 단백질 가운데 100여 개를 무작위로 선정해 아미노산 서열만을 공개한다. 참가자는 이를 바탕으로 단백질 구조를 예측해 제출하면 조직위원회에서 실제 단백질 구조와의 정확도를 평가하는 방식으로 대회가 치러진다.

첫 출전에 알파폴드는 전 세계 98개 연구 그룹 중에서 압도적인 1위를 달성했다. 2016년 최고 난이도 과제에서 1등한 사람은 40점에 그쳤는데, 알파폴드는 2018년 동일 분야에서 무려 60점을 기록했다. 역대 최고 점수였다. 2020년에 열린 CASP에서 공개된 알파폴드 2는 약 90점의 점수로 우승하며 경쟁자들을 경악케 했고, 2022년 7월에는 2억 개에 이르는 단백질 구조 예측 결과를 인터넷에 공개했다. 사실상 인류가 지금껏 알아낸 세상의 거의 모든 단백질의 구조를 예측해낸 것이다.

2024년에는 단백질 상호 작용에 대한 이해를 넓힌 알파폴드 3가 공개되었다. 이처럼 인공지능은 인간의 예상을 뛰어넘은 성과를 보여 주고 있지만, 알파폴드와 같은 고성능의 예측 프로그램도 아직 해결하지 못한 과제들이 있다.

먼저 단백질을 구성하는 아미노산 수가 몇천 개 단위로 늘어나면 구조 예측이 불안정해진다. 또 항체-항원 복합체나 약물과 같은 작은 분자와 단백질의 결합 구조 등의 예측 결과는 정확하지 않아 아직 신약 개발 등 응용 분야에 바로 적용되지 못하고 있다. 무엇보다도 공공 데이터를 기반으로 단백질의 구조를 예측하는 것일 뿐 아직은 과학적 실험을 통해 증명해야 하는 한계가 있다.

그럼에도 불구하고 알파폴드는 구조생물학계를 비롯해 제약 산업, 의료 산업 등에 일대 혁신을 불러일으켰다. 앞으로 알파폴드가 인류의 역사를 바꿀 큰 도약의 기폭제가 되리라는 것을 의심하는 과학자는 아마도 없을 것이다.

2024년 10월 스웨덴 왕립과학원 노벨위원회는 "지난 50여 년간 누구도 풀지 못했던 '아미노산 서열로부터 단백질 구조를 예측'하는 난제를 해결했다"며 알파폴드 개발 주역인 구글 딥마인드의 데미스 허사비스Demis Hassabis와 존 점퍼John Jumper에게 노벨 화학상을 수여했다. 업적 발표 이후 수십 년에 걸쳐 충분히 검증된 연구 성과에 상을 수여하는 노벨상의 특성을 감안하면 알파폴드 2가 세상에 공개된 지 겨우 4년 만에 이뤄진 파격적인 수상이었다. 하지만 그만큼 공로를 인정한다는 의미이기도 했다. 앞으로 인류가 지구상에 존재하는 수백만 단백질의 비밀을 밝히고 미래를 이어가는 데 인공지능이 어디까지 능력을 발휘할지 기대가 되는 대목이다.

# 생명 창조의 시대는 열릴 수 있을까?

## 인간이 만든 합성 mRNA로 백신을 만들다

2019년 중국 우한에서 원인 불명의 폐렴 환자가 속출하면서 시작된 코로나19는 순식간에 전 세계로 퍼져나갔다. 세계 각국은 전염병을 막기 위해 마스크 착용 의무화, '사회적 거리두기', 자가 격리 등 할 수 있는 모든 방법을 동원했지만 역부족이었다. 사망자가 속출하면서 죽음의 공포에 떨고 있던 인류를 구원한 것은 백신이었다. 과학자와 기업 그리고 국가가 하나가 되어 코로나19 백신 개발에 총력을 기울였고, 불과 11개월 만에 FDA의 사용 승인을 받아냈다. 역사에 기록될 만한 초고속 개발이었다.

그런데 이 백신은 또 하나의 '역사상 최초'라는 기록을 가지게 됐다. 바로 mRNA를 처음으로 상용화한 백신이라는 기록이다. 그동안

## mRNA 백신의 원리와 실제 사용 백신

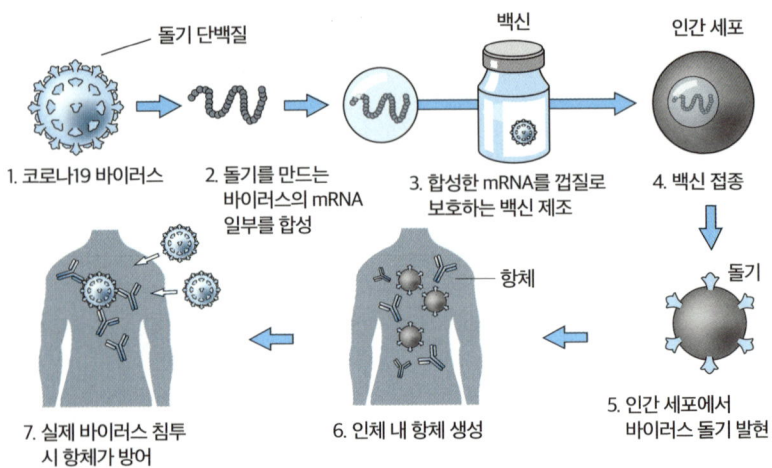

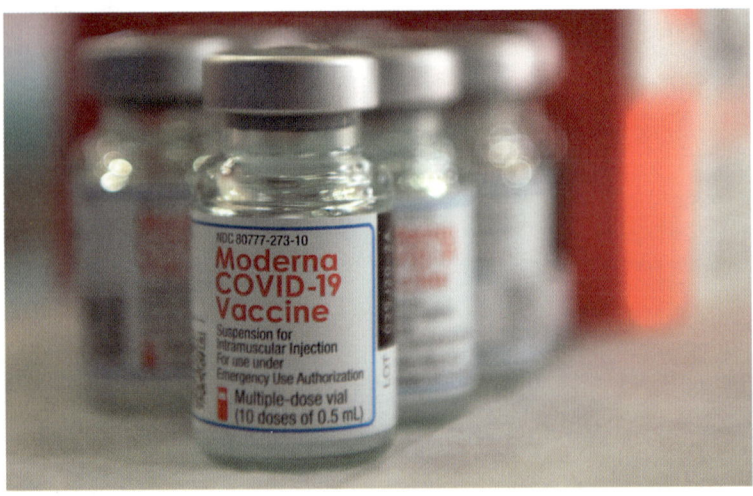

코로나19 백신은 세계 최초로 mRNA 기술을 실제 사람에게 적용한 의약품으로, 불안정한 mRNA로는 절대로 약을 만들 수 없다는 기존 통설을 뒤엎었다. 코로나19 백신을 시작으로 암 치료용 백신, 희귀 질환 치료용 백신 등 수많은 mRNA 백신이 연구 개발되고 있다.

의 백신 개발은 약독화됐거나 죽은 병원체를 인위적으로 몸 안에 넣어 우리 몸의 면역 체계가 활성화되고 이를 통해 실제 병원체가 몸이 들어왔을 때 우리 몸이 빠르게 대처할 수 있게 하는 방식이었다. 하지만 코로나19에 대응하는 mRNA 백신은 병원체인 SARS-CoV-2의 스파이크를 코딩하는 mRNA를 세포 안으로 넣어 SARS-CoV-2의 스파이크 단백질을 항원으로 발현하게 함으로써 과거 백신과 동일한 기능을 하게 한다. 그런데 여기서 주목해야 하는 부분은 이때 사용하는 mRNA를 인공적으로 합성해 만들었다는 것이다.

### 효모가 식물 성분을 생산하다

2015년 중국 전통의학연구원의 투유유屠呦呦 교수는 세계 최초로 개똥쑥에서 말라리아 치료제인 아르테미시닌Artemisinin을 발견한 공로로 중국인 최초 과학 분야에서 노벨상을 받았다. 아르테미시닌의 발견으로 세계는 수백만 말라리아 환자의 목숨을 구할 수 있게 되었지만 치료의 상용화에는 몇 가지 문제가 있었다. 일단 개똥쑥을 키워서 약을 만드는 과정에서 생산 비용이 많이 들고, 개똥쑥에서 추출할 수 있는 아르테미신산artemisinic acid(아르테미시닌 전구물질)의 양에 한계가 있었던 것이다. 게다가 아르테미신산의 구조가 매우 복잡해서 화학적 합성을 통한 대량생산도 어려웠다.

2006년 미국 캘리포니아대학교 버클리 캠퍼스의 제이 키슬링Jay Keasling 교수와 그의 연구팀은 식물에서 아르테미신산을 추출하는 대신 효모에 개똥쑥의 일부 유전자를 이식해서 아르테미신산을 대량으로 생산하는 방법을 고안했다. 이후 다국적제약회사 사노피Sanofi가 이 기술을 사들여 2014년부터 상업적 생산을 시작했고 현재 연간 아르테미신산 수요의 3분의 1을 공급하고 있다.

### 생명 창조에 도전하는 합성생물학

합성 mRNA 백신, 개똥쑥의 유전자를 발현하는 효모, 세포에서 생산하는 인공육 같은 과학적 업적에는 한 가지 공통점이 있다. 바로 이것들이 자연계에는 존재하지 않는 생명 현상이라는 것이다. 즉 기존 생명체를 공학적으로 활용하거나 자연에 존재하지 않는 생물 시스템을 인공적으로 만들어낸 것인데, 이런 학문 분야를 합성생물학이라고 부른다. 그리고 과학자들은 이런 기술들을 점점 발전시켜 이제는 새로운 생명체를 완전히 합성하는 것을 목표로 정진 중이다.

프랜시스 크릭과 제임스 왓슨이 유전 정보를 저장하고 있는 DNA의 이중나선 구조를 발견하고, 이후 마셜 니런버그Marshall Nirenberg가 단백질 합성의 비밀을 밝혀내자 과학자들은 '생명체의 유전 정보를 바꾸면 어떻게 될까?'라는 질문을 하기 시작했다. 그리고 2020년 노벨 화학상을 수상한 크리스퍼 캐스CRISPR/Cas9 유전자 가위 기술이 개발되면서 기존 생명체의 기능을 변경하거나 새로운 생명체를 만들 수 있는 기반이 더욱 확고해졌다.

이렇게 유전공학이 유전자를 수정하는 학문이라면, 합성생물학은

## 크레이그 벤터와 인공 생명체 JCVI-syn3.0

유전학자이자 기업가인 크레이그 벤터Craig Venter가 주도하는 미국 크레이그 벤터 연구소는 세포가 스스로 성장하고 분열해 자손 번식까지 할 수 있는 인공 생명체 JCVI-syn3.0를 만들었다고 2021년 3월 국제 학술지 《셀》에 발표했다. QR 코드를 스캔하면 JCVI-syn3.0의 모습과 이를 소개하는 기사를 확인할 수 있다.

유전자를 조립하는 학문이라고 할 수 있다. 비유하자면 유전공학은 이미 만들어져 있는 건물을 약간 리모델링하는 것이라면 합성생물학은 기초부터 시작해서 건물을 새로 짓는 것이다. 실제로 과학자들은 지구가 생겨난 이후 한 번도 존재하지 않았던 새로운 생명체를 만들어내기 시작했다.

그렇다면 합성생물학으로 무엇을 할 수 있을까? 앞서 언급한 사례에서 봤듯이 생산이 어려운 물질을 효모 등을 통해 생산할 수 있다. 항암제나 항체 등 의약품을 인공적으로 생산하는 시스템을 구축하는 것이다.

화석 에너지를 대체하는 역할도 기대하고 있다. 수소 등을 배출하는 미생물을 인공적으로 만들어 환경오염 없이 화석 에너지를 대체할 수 있는 플랫폼을 만들 수도 있다. 나아가 환경오염의 주범으로 주목받고 있는 플라스틱 폐기물을 먹고 디젤 연료를 배출하는 대장균을 만들어 환경을 보호하고 바이오 에너지도 생산하는 공상과학 같은 이야기가 현실이 될 수도 있다.

### 세상에 없는 단백질을 만들려는 노력

지금까지 과학자들은 유전자를 새롭게 만들거나 기존 유전자의 일부를 바꿔 기존에 존재하지 않는 생명체를 만들어내는 데 집중해왔다. 생명의 첫 번째 암호 유전자를 활용한 것이다. 이제는 생명의 두 번째 암호인 단백질을 활용하는 노력이 이어지고 있다. 생명체가 단백질을 만드는 데 사용하는 20개의 아미노산에 새로운 아미노산을 넣어 새로운 생명체를 만들려는 시도다.

예를 들어 기존의 20가지 아미노산 외에 새로운 아미노산을 합성해 총 30개의 아미노산으로 새로운 단백질을 만든다고 생각해보자. 그동안 지구상에서 볼 수 없었던 완전히 새로운 기능과 특성을 지닌 단백질을 만들 수 있을 뿐만 아니라 나아가 자연계에서 볼 수 없는 새로운 생명체를 만들어낼 수도 있다. 비유하자면 자동차 레고를 조립하는데 기존 제품에는 제공되지 않는 새로운 모양의 블록을 만들어 새롭고 독특한 자동차를 만드는 것이다.

### 합성생명체가 만들어낼 미래

하지만 세상에 없는 인공 염색체와 아미노산이 자연에 어떤 영향을 미칠지 모르며 인류가 경험하지 못했던 재해로 이어질 수 있다는 우려의 목소리도 거세다. 지구 온난화의 원인인 이산화탄소를 먹어치우고 산소를 배출하는 미생물을 만들어낼 수도 있지만, 자연계에서는 볼 수 없었던 감기 바이러스를 만들어 인류를 위험에 빠뜨릴 수도 있기 때문이다.

이런 우려에도 불구하고 합성생물학이 만들어낼 미래를 기대하며 2023년 대한민국 정부는 국가전략기술의 세부 중점 기술 중 하나로 합성생물학을 포함시켰다. 과학이 가지고 있는 명과 암을 극명하게 가지고 있지만 지금 우리가 풀지 못하고 있는 환경, 의학, 식량 등의 난제를 풀 수 있는 '게임 체인저'로서 합성생물학의 잠재력을 믿기 때문이다.

# 우리 몸을 지키는
# 스마트 무기, 항체

### Y자 모양 단백질 항체

수혈, 임신 테스트기, 해독제, 항암제. 이것들의 공통점은 무엇일까? 출혈로 생명이 위독한 경우 시행하는 수혈, 독을 해독하는 해독제, 그리고 암을 치료하는 항암제라고 하면 '치료' 또는 '약'인가 싶지만 임신 여부를 진단하는 임신 테스트기는 여기에 해당되지 않는다. 이것들은 모두 생명과학 기술의 실제 적용 사례들로, 눈치 빠른 사람은 이미 알아챘겠지만 바로 항체(면역글로불린)라는 공통분모를 지닌다. 항체는 외부의 영향으로부터 우리 몸을 지킬 수 있도록 돕는데, 기본 구조는 Y자형 단백질이다.

항체의 Y자형 구조를 처음 밝힌 것은 1950~1960년대 제럴드 에델만Gerald Edelman과 로드니 포터Rodney Porter의 연구다. 이들은 서로 다

**항체의 구조**

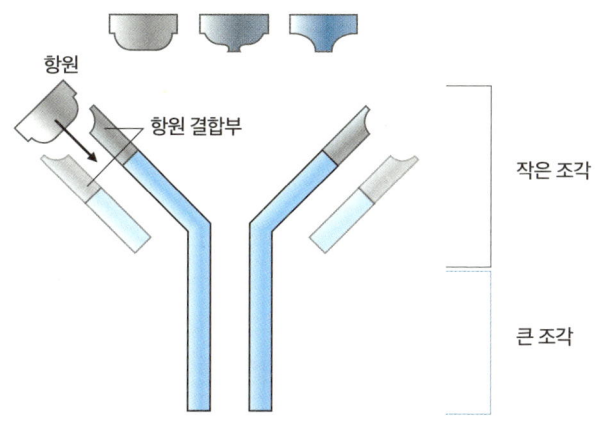

항체는 항원과 특이적으로 결합해 항체-항원 반응을 일으키는 단백질로, 기본 구조는 Y자 모양이다. Y자의 위쪽 두 가지 부분은 항원과 결합할 수 있는 구조를 가지고 있는데 이 특이적 구조는 유전자 재배열을 통해 상상할 수 없을 정도로 많은 가짓수가 나올 수 있어 다양한 모양의 항원에 대응할 수 있다.

른 방법으로 항체를 분해하고 분석해서 항체가 두 개의 무거운 사슬과 두 개의 가벼운 사슬로 이뤄진 4중 사슬 구조이며, 이들이 Y자 모양을 이룬다는 사실을 밝혀냈다.

특히 포터는 파파인$_{papain}$이라는 단백질 분해 효소를 사용해 토끼 항체를 세 부분으로 분리했는데, 이 중 두 개의 작은 조각$_{Fab}$은 항원 결합 능력이 있었고 다른 큰 조각$_{Fc}$은 결합 능력이 없다는 사실을 발견했다. 그리고 이 결과를 바탕으로 항체가 Y자 모양임을 추론했다.

이 과정에서 포터는 실험실 동료들에게 항체를 분해한 조각을 보여주면서 "이 조각들이 어떻게 연결되어 있는지 맞춰보라"고 퀴즈를 내기도 했다고 전해진다. 실제로 당시에는 항체처럼 거대한 단백질의 구조를 밝히는 것이 매우 어려워서, 분해된 조각들을 마치 퍼즐처럼 맞춰가며 전체 구조를 유추해야 했다. 그런데 이와 완전히 다른 접근법을 사용한 에델만과 포터가 항체의 구조에 관해 서로 같은 결론에 도달함으로써 항체의 시대가 열린 것이다.

포터는 Y자형 항체 구조를 설명하기 위해 발사$_{balsa}$ 나무로 실제 Y자 모형을 만들어 발표장에 들고 나가기도 했다. 이 모형은 학계에 큰 인상을 남겼으며 항체 구조의 직관적 이해를 돕는 데 중요한 역할을 했다. 에델만과 포터가 발견한 항체의 Y자 구조는 분자생물학과 면역학의 연결 고리가 되었고, 이후 단일클론항체 치료제 개발의 기반이 되었다. 이 공로를 인정받아 두 사람은 1972년 노벨 생리의학상을 수상했다.

## O형 혈액만 누구에게나 수혈할 수 있는 이유

영화나 드라마에서 중증 외상 환자가 응급실로 실려오면 의사가 가장 먼저 확인하는 것이 바로 혈액형이다. 환자를 수술실로 옮기며 동일한 혈액형의 혈액을 준비하라고 의사의 모습은 우리에게도 익숙한 장면이다. 또 참전 군인들이 항상 목에 걸고 다니는 군번줄에도 혈액형이 표시되어 있다. 왜 그런 걸까?

우리가 흔히 알고 있는 A형, B형, AB형, O형은 적혈구 표면의 항

**각 혈액형의 적혈구 종류와 항체·항원**

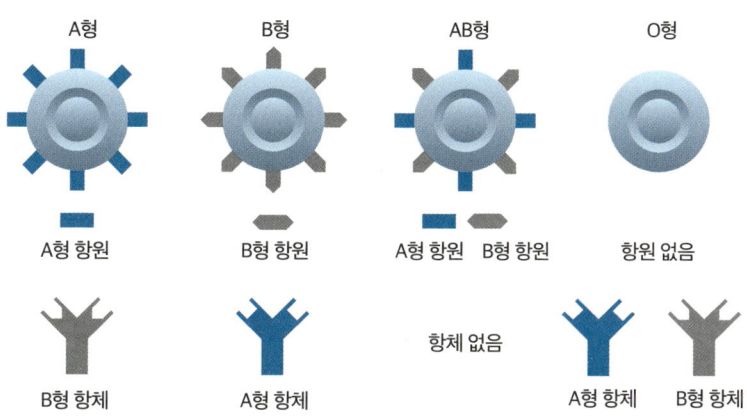

A형은 적혈구 표면에 둥근 모양의 A형 항원을 가지고 있고 혈장에 A형 항원과 결합하지 않는 B형 항체를 가지고 있다. B형은 반대로 각진 B형 항원과 A형 항체를 가지고 있으며, AB형은 A형과 B형 항원을 모두 가지고 있지만 항체는 하나도 가지고 있지 않다. 마지막으로 O형은 항원을 하나도 가지고 있지 않지만 A형 항체와 B형 항체를 모두 가지고 있다.

원과 혈장 내 항체의 조합에 따라 결정된다. 예를 들어 적혈구에 A 항원이 있고 혈장에 B 항체가 있는 경우 A형으로 분류되고, 항원이 전혀 없고 A, B 항체만 있는 경우는 O형으로 분류된다. 여기서 O는 항원이 '제로(0)'라는 의미다.

항원과 그에 대응하는 항체가 만나면 혈액 응집 반응이 발생하는데, 이로 인해 혈류가 막히고 심하면 사망에 이를 수 있다. 따라서 A형 환자에게 B형 혈액을 수혈하는 것은 매우 위험하다. 수혈 시에는 반드시 동일한 혈액형을 사용하는 것이 원칙이며, 특히 대량 출혈이나

## 혈액형 간의 수혈 가능 여부

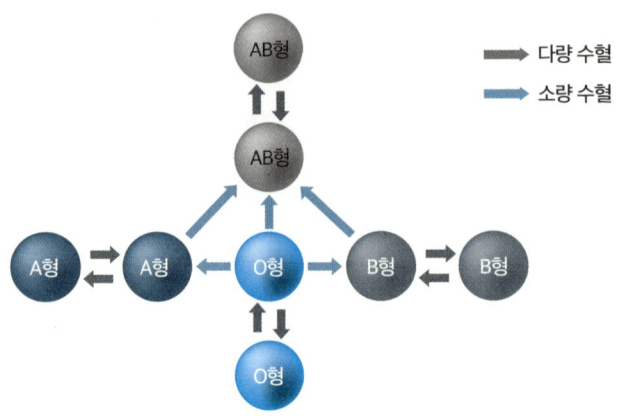

다량 수혈은 같은 혈액형 간에만 가능하다. 소량 수혈의 경우 O형은 모든 혈액형에, A형과 B형은 AB형에 가능하다. AB형은 소량이어도 다른 혈액형에 수혈할 수 없다. 혈액 속에 항원이 없는 O형은 다른 혈액형에 수혈을 해도 응집 반응이 크게 일어나지 않지만, 항원만 가지고 있는 AB형은 다른 혈액형에 수혈 시 많은 응집 반응이 일어나기 때문이다.

외상 수술처럼 혈액이 급히 필요한 상황에서는 더욱 중요하다.

그런데 O형 혈액은 항원이 없어 대부분의 혈액형에 소량 수혈이 가능하다. 항체의 양이 적어서 응집 반응이 크게 일어나지 않기 때문이다. 이 때문에 응급 상황에서 환자의 혈액형을 모를 경우 일단 O형을 사용하는 경우가 많다. 다만 대량 수혈의 경우 응집 반응이 발생할 수 있으므로 가능한 한 정확한 혈액형을 확인 후 수혈하는 것이 안전하다.

### 생명의 시작을 알리는 작은 막대 속 과학

임신이라는 기쁨을 가장 먼저 알려주는 임신 진단 키트는 어떤 원리로 작동할까? 정자와 난자가 만나 수정이 이뤄지고, 수정란이 자궁 내막에 착상하면 여성의 몸에서는 인간 융모성 성선자극 호르몬human chorionic gonadotropin, hCG이라는 특수한 호르몬이 분비되기 시작한다. 이 hCG는 임신이 시작되었음을 모체에 알리는 첫 번째 생화학적 신호로, 태아가 자궁에서 안정적으로 자리 잡고 자라도록 도와주는 중요한 역할을 한다. 착상 후 약 2주가 지나면 hCG는 소변을 통해서도 검출될 만큼 농도가 증가한다.

과학자들은 이런 생리 현상을 활용해 hCG를 인식하는 항체를 개발했고, 이 항체를 임신 테스트기의 판독부에 고정시켰다. 그래서 사용자가 테스트기 흡수부에 소변을 떨어뜨리면 소변 속에 hCG가 존재할 경우 이 호르몬과 항체가 결합 반응을 일으켜 색을 띤다. 이렇게 작은 막대 안에서 이뤄지는 화학적 반응은 새로운 생명의 존재를 가장 먼저 알아채고, 두 줄의 붉은 선으로 새 생명 탄생의 시작을 알리는 순간을 선사한다.

### 200번 독사에 물린 사나이가 만든 만능 해독제?

해독제의 경우는 어떨까? 여기, 영화와 같은 실제 슈퍼 히어로 스토리가 있다. 미국에서 200번이나 독사에 물린 남자의 피를 활용해 뱀독의 만능 해독제를 개발하려는 연구가 진행 중이다. 이 전설 같은 인물의 이름은 팀 프리드Tim Friede. 한때 평범한 트럭 정비사였던 그는 어린 시절 독 없는 뱀에게 한 번 물린 뒤 뱀과 평생의 인연을 맺게 되었다.

2000년대 초 프리드는 정말로 '독을 이기는 몸'을 만들겠다며 위험 천만한 실험을 시작했다. 코브라, 블랙맘바, 타이판 등 이름만 들어도 오싹한 16종의 맹독성 뱀을 집 지하에 키우며 스스로 물리고, 직접 독을 채취해 650번 이상 자가 주사를 반복했다. 누가 시킨 것도 아닌데 자진해서 '살아 있는 백신'이 되기로 한 것이다. 그의 엽기적인 열정은 결국 과학자들의 눈에 포착되었다. 다양한 독사에 공통적으로 반응하는 해독제를 찾고 있던 연구진에게 프리드는 말 그대로 '인간 라이브러리'였던 것이다.

사실 국내에서는 뱀 물림 사고가 드물지만, 남아시아·아프리카·중남미 등지에서는 상황이 다르다. 세계보건기구에 따르면 매년 약 13만 명이 뱀독으로 사망하고, 수십만 명이 사지절단 등의 후유증을 겪고 있다. 현재로선 해당 종의 뱀에 맞는 해독제를 빠르게 투여하는 게 유일한 치료법이다.

그런데 이 해독제 만드는 과정이 만만치 않다. 특정 독사의 뱀독을 말에게 조금씩 주입하면 말의 면역 시스템이 항체를 만들기 시작한다. 이후 말의 혈액에서 항체를 추출해 해독제를 만드는데, 문제는 뱀마다 해독제가 다 다르고 말에서 나온 항체가 사람에게 알레르기 반응을 일으키는 경우도 있다는 점이다.

이런 한계를 극복하고자 연구진은 프리드의 피에서 뱀독에 반응하는 두 가지 인간 항체를 분리했다. 그리고 이것을 세계보건기구가 선정한 가장 위험한 코브라과 독사 19종에 노출된 실험쥐에게 투여했다. 그 결과 13종에게는 완벽한 해독 효과를 확인했고 나머지 6종에서도 부분적인 해독 효과를 확인했다. 즉 프리드의 혈액 속에는 다양한 독사의 공통된 단백질 조각에 반응하는 항체가 형성되어 있었던 것이다.

이를 이용하면 하나의 해독제로 여러 종류의 독사를 상대할 수 있는 길이 열린다. 이 놀라운 연구 결과는 2025년 5월에 국제 학술지 《셀》에 게재되었다.

### 암의 위장술을 끊어내는 3세대 항암제

1971년 미국 리처드 닉슨 대통령이 '암과의 전쟁'을 선포했을 당시 과학자들은 "한 10년쯤이면 암은 끝날 것"이라며 꽤 낙관적인 기대에 부풀었다. 그러나 반세기가 지난 지금도 암은 여전히 인류가 가장 두려워하는 질병 중 하나다. 물론 인류도 가만히 있지는 않았다. 1세대 세포독성 항암제로 "무조건 쓸어버려!"를 외치던 시대를 지나, 2세대 표적 항암제로 "저놈만 조용히 제거하자"는 정밀 타격으로 발전했다. 이제는 3세대 면역항암제가 등장해 T세포라는 '면역 특공대'를 다시 전장에 불러들이고 있다.

여기서 핵심 무기로 활약하는 것이 바로 항체다. 원래 건강한 면역

## 면역관문억제제의 작용 원리

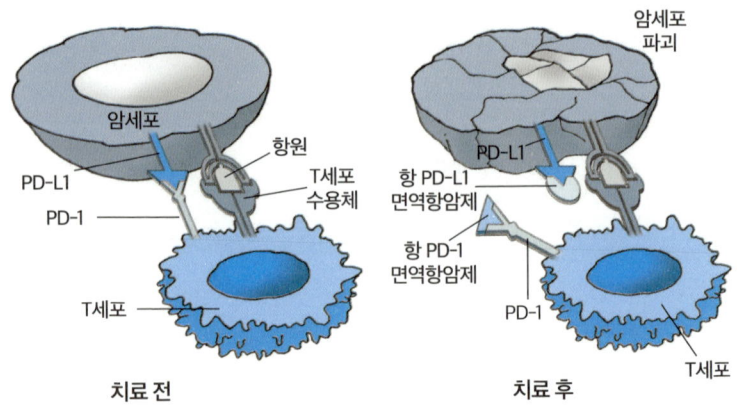

암세포의 표면에 존재하는 PD-L1은 T세포의 PD-1과 결합해 위장신호를 보냄으로써 면역세포의 활성을 억제한다(왼쪽 그림). 따라서 PD-L1 또는 PD-1이 서로 결합하지 못하게 하면 암을 상대로 면역세포가 정상적으로 작동하게 된다. 이 같은 원리를 이용한 항암제가 면역관문억제제다. 원리는 PD-L1 또는 PD-1을 인식하고 결합하는 항체를 투여해 PD-L1와 PD-1이 서로 결합하지 못하게 만드는 것이다(오른쪽 그림).

시스템에서는 암세포가 생기면 T세포가 적으로 인식하고 제거하지만, 문제는 암세포가 '나는 적이 아니야'라는 위장 신호를 보내면서 T세포의 눈을 속인다는 데 있다. 과학자들은 이 교묘한 통신을 차단하면 T세포가 다시 암을 공격할 수 있다고 판단했고, 여기서 항체가 투입되었다.

항체는 암세포의 PD-L1 또는 T세포의 PD-1 수용체에 미리 들러붙어 두 세포가 손잡지 못하게 막아버린다. 결과적으로 T세포는 다시 암을 적으로 인식하고 제대로 된 전투 모드에 들어간다. 이렇게 탄생한 것이 바로 3세대 면역 항암제, 정식 명칭으로는 면역관문억제제다. 이 전략 덕분에 이제는 말기암 환자에게도 완치를 기대할 수 있는 시대가 열리고 있다. 그리고 항암제 개발의 위대한 진보 한가운데에는 다름 아닌 항체가 우뚝 서 있다.

앞서 1장에서 몸을 지키는 면역의 경찰로 소개된 항체는 이제 병원체를 막는 수비수를 넘어 생명공학의 주역으로 활약하며 우리 생활 곳곳에 영향을 끼치고 있다. 졸음을 유발하는 물질에 결합해서 운전사고를 막는 항체부터 마약의 뇌 전달을 차단해 중독을 예방하는 항체, 노화 세포만 골라 제거해 시간을 되돌리는 항체까지, 이 모든 것이 이제는 실현 가능한 과학의 언어가 되었다. 여기에 두 개의 항체를 결합해 효과를 배가시키는 이중항체, 강력한 약물을 항체에 실어 종양을 정밀 타격하는 항체-약물 접합체antibody-drug conjugate, ADC 등 차세대 항체 기술은 치료의 패러다임을 뒤흔들고 있다.

Y 모양의 작은 단백질 하나가 생명을 구하고, 노화를 늦추고, 질병을 무력화하는 시대. 이 신비한 단백질의 다음 행보는 과연 어디일까?

# 아미노산이 알려주는
# 건강 정보

**피 몇 방울로 250개 질병을 진단한다?**

　미국 명문대를 중퇴하고 의료 시장을 혁신하겠다고 나선 한 젊은 여성이 있었다. 기존의 관행에 따르면 질병을 판별하기 위해서는 정맥으로부터 꽤 많은 혈액을 뽑아야 하고 MRI, CT, X-Ray 등 다양한 영상 촬영을 거쳐야 한다. 하지만 미국의 경우 이런 진단 비용만 해도 엄청나서 일부 환자들은 증상이 있어도 병원을 찾지 못하는 일들이 비일비재하다. 이런 의료 환경 속에서 약 50달러만 내면 손끝을 바늘로 따서 나오는 피 몇 방울로 250여 가지의 질병을 확인할 수 있다는 젊은 메디컬 스타트업 대표의 주장은 전 미국 사회의 주목을 받았다.
　그녀의 스타트업은 그 어떤 회사보다 빠르게 1조 6,000억 원의 투자를 유치해냈다. 미국 2위 약국 체인 월그린스Walgreens와 대형 슈퍼 마켓 체인 세이프웨이Safeway와도 계약을 체결하고 진단 서비스를 제공했다. 기술 미디어들은 검은 터틀넥을 골라 입는 그녀를 '여자 스티브 잡스'라고 앞다퉈 보도했다.

하지만 그녀의 행보에 의구심을 품은 한 언론인의 취재를 통해 그녀와 스타트업이 그간 벌인 일들의 실상이 전 세계에 공개되었다. 알고 보니 250가지 혈액검사 항목 중 실제로 진단할 수 있는 것은 10개에 불과했고 나머지 항목은 대기업이 만든 기기로 진단한 것이었다. 한때 시가총액 11조 원이었던 스타트업은 하루아침에 실리콘밸리 역사상 가장 큰 사기극이라는 오명을 남기며 사라졌다.

2022년 3월 미국의 한 OTT 플랫폼을 통해 방영된 8부작 드라마 〈드롭아웃〉의 줄거리다. 아마도 많은 사람이 "그러면 그렇지, 미국과 같은 선진국에서 건강과 관련된 사기를 쳐서 1조 원이 넘는 투자를 받는 일이 벌어질 리 없어!"라고 할지 모르겠다. 하지만 사실 이 이야기는 2003년 창업해 2016년에 문을 닫은 테라노스Theranos의 엘리자베스 홈스Elizabeth Holmes가 벌인 벤처 사기 사건을 바탕으로 만든 드라마다.

대체 왜 이런 일이 벌어졌을까? 과학기술의 발전으로 인류의 평균수명이 늘어나면서 질병에 걸리지 않고 건강하게 오랫동안 사는 것이 무엇보다도 중요한 세상이 되었다. 하지만 현대인들이 가장 무서워하는 암이나 치매 등 질병을 초기에 발견하는 것은 비용도 많이 들 뿐만 아니라 현대 과학으로도 매우 어려운 일이다. 그러니 피 몇 방울로

### 엘리자베스 홈스와 그의 사기 사건을 다룬 드라마 〈드롭아웃〉

엘리자베스 홈스와 그녀가 설립한 스타트업 테라노스가 벌인 일은 실리콘밸리 역사상 최악의 사기로 꼽힌다. 이 사건을 다룬 드라마 〈드롭아웃〉이 제작되기도 했다. QR 코드를 스캔하면 이 드라마의 공식 예고편을 볼 수 있다.

250여 개의 질병을 단돈 50달러에 빠르게 알아낼 수 있다면 얼마나 좋겠는가? 그런 사람들의 열망이 이런 대형 사기를 만들어낸 게 아닐까? 그런데 정말 피 몇 방울로 각종 질병을 조기 진단하는 것은 불가능한 일일까?

### 아미노산으로 질병을 진단하는 시대

혈액은 세포 성분인 적혈구, 백혈구, 혈소판과 알부민·글로불린 등 수십 종의 단백질 및 전해질이 녹아 있는 혈장으로 구성되어 있다. 여기에 산소, 이산화탄소를 비롯해 섭취된 음식이 소화되어 흡수된 각종 영양소 등이 포함되어 있다. 이렇듯 수십 개의 성분이 복잡하게 얽혀 있기 때문에 피 몇 방울로 다양한 질병을 진단하는 것은 현대 과학으로서도 매우 어려운 일이다. 1조 6,000억 원이라는 천문학적인 투자를 받은 테라노스의 투자자 중 의학과 관련된 인물은 단 한 명도 없었다는 사실이 이를 강하게 뒷받침한다.

다시 위에서 한 질문을 똑같이 해보자. "정말 피 몇 방울로 각종 질병을 조기 진단하는 일은 불가능할까?"

최근 과학자들은 첨단 장비를 이용해 혈액 속 특정 아미노산의 농도 변화로 각종 질병을 예측하는 연구를 이어가고 있다. 1909년 세계 최초로 MSG 조미료를 개발해 판매한 아지노모토Ajinomoto는 100년이 넘는 아미노산 연구를 바탕으로 아미노산인덱스 암 검진AminoIndex Cancer Screening이라는 암 조기 진단 서비스를 제공하고 있다. 다양한 질병이 진행되는 과정에서 혈장의 아미노산 수치가 변화하는 것을 확인하고 바이오 마커로서 혈액 내 아미노산을 활용하는 것이다.

처음에는 섭취하는 음식 등에 따라 개인차가 커서 선천성 대사 장애, 간 질환 및 유사한 장애에 대한 임상 테스트만 진행했다. 이후 위암, 폐암, 결장 직장암, 췌장암, 전립선암, 유방암, 자궁암, 난소암의 경우 암 환자의 혈중 아미노산 수치가 건강한 사람과 다른 것을 확인하고 일본 의료기관과 협력해 암 조기 진단 서비스를 제공하고 있다. 그리고 이제는 당뇨병, 지방간 등 더 다양한 질병으로 진단 영역을 확장하고 있다.

우리나라 검진센터들도 아미노산 균형 검사amino acid profiles 서비스를 제공하고 있다. 만성 스트레스나 고지혈증, 노화, 우울증, 독소노출

등이 혈장 아미노산 불균형의 원인 요소가 되는데, 이런 이유로 아미노산 균형이 깨지면 신경계, 호르몬계에 치명적인 질환을 일으킬 수 있다고 한다.

### 질병 알리미로서 아미노산의 가능성

아미노산을 이용해 각종 질병과의 상관 관계를 보여주는 연구 결과들이 이어지고 있다. 췌장암에 걸린 환자의 혈액에서는 BCAA 농도가 건강한 사람에 비해 높게 나타나는 것으로 분석됐다. 췌장암의 경우 병이 이미 상당히 진행된 뒤에 발견되는 경우가 많아 '5년 생존율'이 약 15퍼센트에 불과한데, 이러한 아미노산의 지표들을 활용해 암을 조기 진단할 수 있다면 췌장암 발병을 줄일 수 있거나 환자의 생존율을 크게 높일 수 있을 것으로 기대된다.

또 다른 아미노산 시스테인은 신장 손상 시에 혈액 내 수치가 증가하는 것으로 알려져 있는데 이를 이용해 신장의 건강 상태를 예측하는 연구도 활발히 이어지고 있다. 외상후 스트레스 장애PTSD를 진단하는 경우에는 아르기닌, 세로토닌 등이 활용된다. PTSD를 진단받고 회복되지 못했을 때는 아르기닌 수치가 낮게 나타나며, PTSD로부터 오랫동안 회복되지 못했을 때는 세로토닌과 글루타메이트 수치 또한 지속적으로 낮게 측정된다는 것이다.

이렇듯 아미노산들이 질병을 미리 알리는 역할로 사용될 수 있는 과학적 근거는 아미노산이 단백질 합성 재료로 사용되기도 하지만 앞에서 기술한 바와 같이 생체 내에서 다양한 생리활성을 수행하기 때문이다. 이런 배경을 바탕으로 다시 한번 "피 몇 방울로 각종 질병을 조기 진단하는 일은 불가능할까?"라는 질문을 한다면 이제는 "만약 그것이 가능하다면 그 열쇠는 아미노산이 가지고 있지 않을까?"라고 답할 수 있을 것 같다.

# 유전자 코드를
# 단백질로 번역하는 통역사들

**핵산과 단백질을 잇는 생명 정보의 연결고리**

지금까지 단백질과 단백질을 만드는 재료인 아미노산이 얼마나 중요한 일을 하는지에 대해 알아봤다. 그러면 다시 책의 초반에 설명했던 단백질의 합성 과정에 대한 이야기로 돌아가자.

앞에서 모든 생명체의 중심 원리를 보면 DNA에 저장된 유전 암호가 아미노산과 매칭되어 단백질로 번역된다고 설명했다. 하지만 생각해보면 DNA가 정보로 사용하는 네 개의 염기 서열 정보가 어떻게 20가지의 아미노산으로 매칭되는지 궁금해진다. 다시 말해 네 개의 염기 단어 조합으로 구성된 '핵산 나라'와 20개의 아미노산 단어 조합으로 구성된 '단백질 나라' 간 소통을 중간에서 이어줄 통역사가 필요하다는 말이다.

과연 이 통역사는 누구일까? 보통 두 나라 간 정상회담 장면을 보면 각 나라 언어를 상대 나라의 언어로 통역하는 두 명의 통역사가 각 나라의 수반들과 동행한다. 마찬가지로 유전 정보를 단백질로 번역하기 위해서는 핵산 나라와 단백질 나라를 담당하는 두 개의 통역사가 동원된다.

우선 핵산 나라에서는 tRNA라는 특이한 형태의 핵산을 사용한다. tRNA 구조를 보면 머리에는 유전자 정보와 매칭되는 염기서열을 가지고 있고, 꼬리에는 해당하는 아미노산을 붙일 수 있게 되어 있다. 그러나 tRNA나 아미노산은 서로 맞는 짝을 스스로는 찾지 못한다. 그래서 특정 유전자 암호를 가지고 있는 tRNA와 그에 매칭되는 아미노산을 연결해주는 효소가 필요하다. 이 효소를 '아미노아실 tRNA 합성 효소'라고 부른다.

## 생명의 중심에서 활약하는 다양한 몸 안 통역사들

이 과정은 쉽지 않으니 생명의 중심 원리에 대해 좀 더 자세히 살펴보자. 단백질을 합성하기 위해서는 해당 단백질을 합성하기 위한 유전 정보를 가지고 있는 DNA로부터 유전 정보를 그대로 복사한 메신저 RNA의 형태로 복사되어 세포핵 밖으로 나와 세포질로 이동해야 한다. mRNA에 복사된 유전자의 암호$_{codon}$는 세 개의 염기서열로 구성되어 있으며 이 암호는 tRNA 머리에 새겨진 세 개의 염기서열 anti-codon과 매칭되게 되어 있다. 그리고 각 tRNA들은 유전자 암호에

## tRNA를 통한 단백질 합성 과정

A: Amino acid(아미노산 tRNA)
P: Peptide(펩타이드 tRNA)
E: EXIT(tRNA 출구)

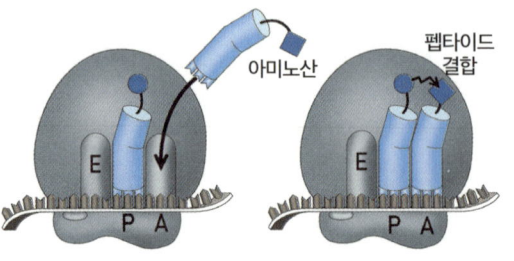

tRNA가 아미노산을 달고 리보솜 A 자리에 들어온다

P 자리에 있는 tRNA의 아미노산과 A 자리에 새로 운반되어 온 아미노산 사이에 펩타이드 결합이 형성된다

A 자리에 있던 tRNA는 P 자리로, P 자리에 있던 tRNA는 E 자리로 이동한 후 떨어져 나간다

아미노산

안티코돈

tRNA가 코돈에 맞는 아미노산을 달고 리보솜에 들어와 펩타이드 결합을 통해 단백질을 만드는 과정이다.

매칭이 되는 아미노산을 꼬리에 달고 있음으로써 유전자의 암호를 아미노산으로 번역하는 통역사의 역할을 한다.

## 단백질 합성 효소의 역할

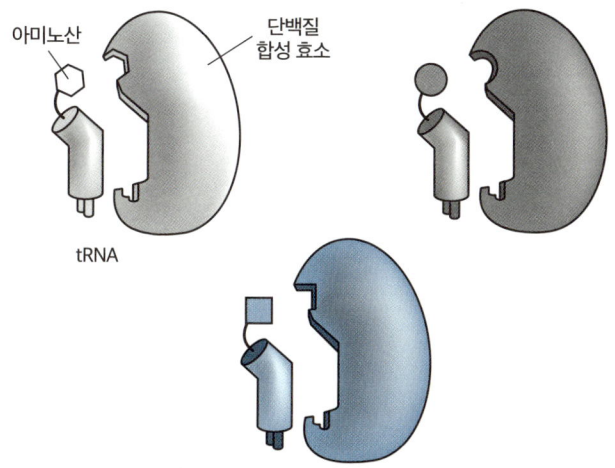

tRNA에 적절한 아미노산이 연결될 수 있도록 해주는 단백질 합성 효소는 단백질을 만드는 아미노산 수와 동일하게 우리 몸에 존재한다.

그렇다면 세포 내에 존재하는 수백 종류의 tRNA와 20가지 아미노산을 정확히 매칭해주는 통역사는 누구일까? 그 매치 메이커가 바로 아미노아실 tRNA 합성효소다. 하지만 단 한 개의 효소가 수많은 tRNA와 아미노산을 매칭하는 것은 불가능하기에 각 아미노산을 담당하는 20가지 효소가 존재한다. 예를 들어 아미노산 류신을 담당하는 효소는 류신만을, 메티오닌을 담당하는 효소는 메티오닌만을 해당 tRNA에 특이적으로 결합시켜서 유전자의 암호가 잘못 번역되지 않게 해준다.

이토록 생명체는 유전자를 단백질로 번역하는 과정에서 엄청나게 많은 효소와 조절인자, 그리고 에너지를 사용한다. 왜 그럴까? 다시 외교 정상회담 장면을 상상해보자. 두 나라 정상 간의 대화를 통역하는 통역사들이 원래의 취지와 다르게 자기 마음대로 통역해 전달한다면 어떤 결과가 초래될까? 두 나라의 관계 악화는 물론이고 전쟁 등 생각만 해도 끔찍한 결과를 몰고 올 수도 있다. 이런 이유로 생명체는 유전자의 정보가 정확히 단백질로 번역되어 잘 합성될 수 있도록 공을 들이는 것이다.

### 아직 풀지 못한 단백질의 비밀들

그렇다면 흥미로운 질문이 한 가지 발생한다. 과연 단백질의 번역 과정은 유전자 암호가 시키는 일만 맹목적으로 수행하는 수동적인 작업일까? 아니면 유전자 암호가 시키는 일 외에도 더 많은 일을 할 수 있을까?

이 책을 시작할 때 언급했던 것처럼, 인간의 유전체는 겨우 2만여 개 단백질 정보만을 담고 있다. 하지만 우리 몸은 무려 100만 가지 혹은 그 이상의 단백질을 만들어 살아가는 것으로 추측된다. 그리고 이런 단백질들의 형성은 유전자의 서열 정보만으로는 설명할 수 없다. 즉 유전자 암호의 번역 이후 생명체는 그보다 훨씬 복잡한 단백질 가공의 과정을 거친다.

불행히도 이 과정 역시 유전자의 암호와 같이 생명체 간에 서로 약속한 코드에 의해 진행되는 것인지, 아니면 시간과 환경에 따라 우연적으로 일어나는 현상인지 우리는 아직 모르고 있다. 유전자에 의해 만들어진 단백질이 이후 변화하는 모습과 기능, 그리고 그들 간에 이뤄지는 복잡한 네크워크, 바로 이것이 아직 풀리지 않은 미지의 영역이자 포스트 게놈 시대에 풀어야 할 큰 숙제라 할 수 있다. 생명의 두 번째 암호인 단백질에 관한 숙제가 해결된다면 인간 생로병사의 비밀이 밝혀질 날도 곧 다가올 것이다.

나가는 글

# 단백질이 그리는
# 바이오 시대

**단백질 기술 혁명**

    2040년 7월 대한민국 서울의 광화문 광장은 마치 시간이 멈춘 듯 정적에 잠겨 있었다. 평소라면 분주했을 거리엔 개미 한 마리 보이지 않았고, 지글지글 타는 듯한 아스팔트 위에는 아지랑이만이 춤추고 있었다. 연일 이어지는 폭염 속에서 사람들은 실내로 숨어들었고, 광장의 전광판에는 기상 관측 이래 가장 무더운 날씨가 지속되고 있다는 뉴스가 끊임없이 반복되었다. 에어컨이 아니었다면 인류는 벌써 녹아내렸을지도 모른다는 자조가 절로 나오는 상황이었다.

    문제는 여기서 끝이 아니었다. 지구의 반대편, 인류가 예측하지 못한 악몽이 조용히 발톱을 세우고 있었다. 알래스카, 그린란드, 시베리아 등 지구 북반부의 영구동토층이 갑작스럽게 녹아내리면서 정체불

명의 질병이 퍼지기 시작했다. 초기 증상은 단순한 감기처럼 보였지만 곧 후각과 미각을 잃고, 시력을 잃으며, 청각마저 사라진 끝에 사망에 이르는 기이한 병이었다.

과학자들은 조사에 착수했다. 결과는 충격적이었다. 사망자들의 혈액에서 발견된 것은 그 어떤 기록에도 없는, 인류가 단 한 번도 본 적 없는 고대 바이러스였다. 연구진은 이 바이러스를 '판도라 바이러스 40$_{PV-40}$'이라 명명했다. 이 바이러스는 수천 년 전 멸종한 동물의 사체와 함께 얼음 속에 봉인되어 있었고, 지구 온난화로 영구동토층이 녹으면서 깨어나 세상 밖으로 나온 것이었다.

PV-40는 강한 전염성과 면역 회피 능력을 지닌 채 전 세계로 퍼져나갔다. 2040년 9월, 세계보건기구는 긴급 팬데믹을 선포했다. 코로나19의 교훈으로 대학, 제약사, 정부가 일제히 대응에 나섰고, AI 단백질 분석 시스템은 단 30분 만에 PV-40의 구조를 해석해냈다. 이어서 자신 있게 백신과 치료제를 개발하기 시작했다. 하지만 모두 실패했다.

PV-40는 끊임없이 모습을 바꾸는 스파이크 단백질을 통해 인간의 면역 시스템을 비웃듯 피해갔다. 그 정도로 그치는 게 아니라 면역 세포를 오히려 자가면역 반응을 유도하는 데 이용했다. 감염자는 감각을 하나둘 잃다가 결국 생을 마감했다. 백신 개발의 실패는 인류를 절망의 끝으로 몰아넣었고, '멸종', '인류의 종말'이라는 단어가 현실이 되어가고 있었다.

그때, 기초생명과학 분야에서 묵묵히 연구를 이어가던 일군의 과학자들이 등장했다. 바이러스학, 면역학, 생화학, 세포학 등 다양한 분야의 전문가들을 초청해 2040년 12월, 다국적 연구진을 구성했다. 그리고 기존 백신 기술을 한층 진화시킨 혁신적 백신 플랫폼을 발표했다.

더 놀라운 점은 이 백신은 주사를 맞을 필요조차 없다는 것이었다. 소화효소에 파괴되지 않도록 잘 설계된 단백질 덕분에, 간단히 섭취만 해도 효과를 발휘할 수 있었다. 누구나 쉽게 먹을 수 있는 백신, 그것은 단지 과학 기술의 승리를 의미하는 것 이상의 의미를 가졌다. 주사를 맞을 수 없을 정도로 경제적·지역적 면에서 열악한 환경에 처한 사람들도 백신의 혜택을 누릴 수 있게 됨으로써 의료 불균형을 해소하는 혁신적인 사건이었다.

2041년 3월, PV-40의 확산은 멈췄다. 인류는 살아남았다. 그러나 대가는 혹독했다. 전 세계에서 2억 명에 이르는 사람이 목숨을 잃었다. 바이러스가 휩쓸고 간 자리엔 폐허가 되었고, 기후 재앙은 계속해서 진행되고 있었다. 온실가스 배출도 멈추지 않았고, 온난화의 속도도 급가속 중이었다. 사람들은 묻기 시작했다. "PV-40보다 더 깊은 얼음 아래 잠든 바이러스가 깨어난다면? 우리는 과연 살아남을 수 있을까?"

2042년 1월, 세계적 학술지 《사이언스》에 실린 논문은 새로운 가능성을 제시했다. 광합성의 핵심 효소인 루비스코보다 100배 빠른 속도로 이산화탄소를 포획하는 인공 단백질, '카본 스플리트carbon split'가 개발되어 상용화 단계에 이르렀다는 소식이었다. 이 단백질은 대기 중의 이산화탄소를 고체 탄소로 고정시키고, 산소를 방출하는 기능을 가졌다.

국제 사회는 즉시 이 단백질을 대량 생산하여 도심 빌딩 외벽, 자동차 도장, 주택 지붕 등에 적용하기 시작했다. 인류는 드디어 이산화탄소를 줄이는 방법을 찾은 것이다.

같은 해 2월, 글로벌 OTT 플랫폼에서는 놀라운 서바이벌 프로그램이 공개되었다. 각국 식품 연구소가 개발한 인공육의 맛을 겨루는 '푸드 올림픽'이었다. PV-40 팬데믹 이후, 과학자들은 축산업이 기후 위기의 핵심이라는 점에 주목했고, 메탄가스를 배출하지 않는 인공육 생산 기술을 국가 차원에서 추진했다.

국내의 한 연구소는 풍미 단백질을 이용해 근육세포를 배양함으로써 실제 소고기보다 더 깊은 맛을 내는 인공육을 만드는 데 성공해 큰 주목을 받았다.

플라스틱 문제 해결에도 단백질이 나섰다. 미생물 유래 단백질을 활용해 기존 석유 화학 제품을 대체하는 단백질 기반 플라스틱, 친환경 섬유, 바이오 접착제, 바이오 연료 등이 개발되며, '단백질 순환경제'라는 새로운 개념이 등장했다.

그리고 2050년, 마침내 지구 평균 기온은 산업화 이전보다 단 0.8도 높은 수준으로 되돌아갔다. 인류는 단백질 기술 혁명을 통해 멸

종의 문턱에서 돌아왔고, 지속가능한 사회를 건설해냈다.

이제 단백질은 더 이상 식단표의 한 영양소가 아니라 생명을 지키고, 지구를 치유하며, 미래를 설계하는 문명의 중심이 되었다. 단백질은 생명의 언어이며, 생명체가 고안해낸 스마트 생체분자다. 그리고 이 물질들을 활용한 신세계는 이제 막 열리기 시작했다.

### 단백질 연구가 만들어갈 미래

'2040년'이 눈에 들어온 순간 당황했을지도 모르겠다. 거기에 더해 전염병의 창궐도 모자라 생소한 기술 얘기가 나와서 더욱 그랬을 것이다. 단백질의 다양한 쓰임과 가능성을 보여주기 위해 가까운 미래에 벌어질지도 모르는 상황을 가정했다. 상황은 다소 극단적으로 설정했지만, 단백질의 활용은 결코 과장이 아니다.

실제로 단백질은 우리의 생명과 건강에 직결된 가장 중요한 생체분자이고, 지금도 무궁무진한 영역에서 쓰이고 있다. 그리고 다양한 사례를 통해 이 점을 알기 쉽게 전하는 것이 이 책을 쓴 목적이기도 하다.

일단 질병을 치료하는 약물들은 대부분 인체 내에서 단백질을 통해 약효를 나타낸다. 따라서 인체 내에서 활동하는 단백질의 구조와 기능을 이해하는 것은 신약개발 과정에서 가장 중요한 작업이다. 그리고 항체, 효소, 호르몬, 백신 등 수많은 약물의 소재가 단백질이다. 전체 의약품 시장에서 단백질 의약품이 차지하는 비율은 해마다 급격하게 증가하고 있다. 또한 콜라겐, 피브린fibrin, 젤라틴 같은 단백질은 수많은 의료용 생체 소재로 사용되고 있다.

한편 단백질은 친환경 바이오플라스틱 소재로도 사용되고 있다. 옥수수, 대두 같은 식물성 단백질을 활용해 만드는 바이오 플라스틱은 기존의 석유 기반 플라스틱을 대체할 친환경 소재로 연구되고 있다. 이런 단백질 기반 플라스틱은 생분해성이라 환경 오염 문제를 줄이는 데 기여할 수 있다. 위의 가상 이야기에 등장하는 이산화탄소 포획 인공 단백질도 이러한 흐름에 기반한 아이디어다.

마지막으로, 피브로인fibroin이나 케라틴 같은 단백질은 실크나 양털 등의 소재로 섬유 및 의류 산업에서 사용된다. 그 밖에도 화장품이나 심지어 친환경 접착제의 소재로 활용되며, 최근에는 온도나 수소이온지수에 따라 다이내믹하게 변화하는 단백질의 구조적 특성을 이용해 스마트 센서 기능을 가지는 단백질 소재들이 개발되어 의류, 화장품, 생체 센서 등 다양한 분야에서 활용되고 있다.

이처럼 단백질은 우리의 건강 및 생활과 직결된 수많은 제품들을 구성하고 있다. 따라서 이들에 대한 정확한 정보와 상식을 갖추고 있지 않으면 자칫 부정확하거나 근거 없는 가짜 정보에 속아 건강을 해치는 등 물질적·육체적 피해를 입을 수 있다.

지금까지 우리는 단백질의 본질과 기능, 그것이 만들어낸 놀라운 발견과 혁신 그리고 위험성을 간과했을 때 어떤 문제가 뒤따랐는지 짚어보았다. 또한 단백질 연구가 지금 어느 지점에 와 있으며, 앞으로 어떤 가능성을 열어가고 있는지도 함께 살펴보았다. 이제 단백질에 대한 이해는 과학자들만의 몫이 아니다. 이 시대를 살아가는 우리 모두가 함께 탐구해야 할 지식이자, 더 나은 미래를 위해 공유해야 할 교양이다.

**감사의 글**

혼자였다면 이 책은 세상의 빛을 볼 수 없었을 것이다. 책이 나오기까지의 긴 여정을 함께해준 소중한 분들에게 마음 깊이 감사의 인사를 전한다.

단백질과 아미노산이라는 방대한 세계를 탐구하는 과정에서 조항범 실장님(연세대학교 지능형의약바이오연구원 홍보기획실장)의 헌신적인 도움이 없었다면 이 책은 결코 완성될 수 없었을 것이다. 자료를 찾고, 검토하고, 다시 확인하는 지난한 과정을 마다하지 않고 묵묵히 뒷받침해준 그는 이 책의 숨은 공동 저자라 해도 과언이 아니다.

또한 이항렬 작가님(전 청강문화산업대학교 교수)은 내가 이끌었던 의약바이오컨버젼스연구단에서 크리에이티브 디렉터이자 바이오아트 집행위원장으로 함께한 오랜 인연을 바탕으로, 개인적으로 힘든 일정 중에도 책 속의 삽화들을 정성껏 완성해주었다. 말 그대로 과학과 예술이 결합한 특별한 작업으로, 이 책을 더 풍성하고 유머 있게 만들어준 것에 진심으로 감사의 말을 전한다.

그리고 이 여정을 함께하며 때로는 조언으로, 때로는 따뜻한 격려로 곁을 지켜준 대학과 연구소의 동료들, 연구원들, 그리고 사랑하는 제자들에게도 감사드린다. 그들의 응원과 신뢰가 있었기에 이 긴 여정을 끝까지 걸어올 수 있었다.

이 책이 일반인들에게 단순히 단백질과 아미노산의 정보를 전달하는 것을 넘어 생명이 무엇인지에 대한 근본적인 생각을 일으키고 또 다른 질문의 출발점이 되기를 바라며 조심스레 책장을 덮는다. 이 모든 여정의 끝에, 그리고 또 다른 시작을 앞두고.

## 이미지 출처

| | |
|---|---|
| 35쪽 | U.S. Department of Energy, Logo HGP, 위키미디어 공용, Public Domain. |
| 143쪽 | TIME Magazine, TIMEMagazine27Aug1923, 위키미디어 공용, Public Domain. |
| 147쪽 | (왼쪽) Unknown author, Len-terry-wiles, 위키미디어 공용, Public Domain. (오른쪽) Otis Historical Archives, National Museum of Health and Medicine, NCP14053, 위키미디어 공용, CC BY 2.0. |
| 153쪽 | (위쪽) Chemist4U, Ozempic Semaglutide 0.5mg, 위키미디어 공용, CC BY-SA 2.0. |
| 165쪽 | Unknown artist, Aurelius Philippus Theophrastus Paracelsus alias Bombast ab Hohenheim, 위키미디어 공용, Public Domain. |
| 180쪽 | Horoporo, Ninhydrin staining thumbprint, 위키미디어 공용, CC BY-SA 3.0. |
| 183쪽 | DanceWithNyanko, Transformed E.coli using green fluorescent protein 2, 위키미디어 공용, CC BY-SA 4.0. |
| 195쪽 | European Space Agency, Rosetta and Philae at comet, 위키미디어 공용, CC BY-SA 3.0 IGO. |
| 205쪽 | Animation Research Labs, Foldit screenshot, 위키미디어 공용, CC BY-SA 3.0 Germany. |
| 210쪽 | Airman 1st Class Anna Nolte, Moderna COVID-19 vaccine, 위키미디어 공용, Public Domain. |
| 213쪽 | Liza Gross, J. Craig Venter, 위키미디어 공용, CC BY 2.5. |
| 228쪽 | TechCrunch, Theranos Chairman, CEO and Founder Elizabeth Holmes speaks onstage at TechCrunch Disrupt at Pier 48 on September 8, 2014 (14996937900), 위키미디어 공용, CC BY 2.0. |

# 단백질 혁명

**초판 1쇄 발행** 2025년 7월 25일
**초판 3쇄 발행** 2025년 12월 19일

**지은이** 김성훈

**발행인** 윤승현  **단행본사업본부장** 신동해
**편집장** 김경림  **책임편집** 김종오
**디자인** 최희종  **교정교열** 김순영
**마케팅** 최혜진 강효정  **국제업무** 김은정 김지민  **제작** 정석훈

**브랜드** 웅진지식하우스
**주소** 경기도 파주시 회동길 20
**문의전화** 031-956-7359(편집)  031-956-7088(마케팅)
**홈페이지** www.wjbooks.co.kr
**인스타그램** www.instagram.com/woongjin_readers
**페이스북** www.facebook.com/woongjinreaders
**블로그** blog.naver.com/wj_booking

**발행처** ㈜웅진씽크빅
**출판신고** 1980년 3월 29일 제406-2007-000046호

© 김성훈, 2025
ISBN 978-89-01-29570-1  03500

- 웅진지식하우스는 ㈜웅진씽크빅 단행본사업본부의 브랜드입니다.
- 저작권법에 의해 한국 내에서 보호를 받는 저작물이므로 무단전재와 무단복제를 금합니다.
- 이 책 내용의 전부 또는 일부를 이용하려면 반드시 저작권자와 ㈜웅진씽크빅의 서면 동의를 받아야 합니다.
- 책값은 뒤표지에 있습니다.
- 잘못된 책은 구입하신 곳에서 바꾸어 드립니다.